全国高职高专工业机器人领域人才培养"十三五"规划教材

工业机器人编程与应用

主　编　郭灿彬　刘红芳
副主编　朱旭义　郑建军　冯凌云

华中科技大学出版社
中国·武汉

内 容 简 介

本书共 7 个项目,分别是工业机器人概论、ABB 机器人操作基础、ABB 机器人 I/O 通信、ABB 机器人程序数据、ABB 机器人程序编写与运行、ABB 机器人基础编程应用和 ABB 机器人高级编程应用。每个项目又划分有数个不同的任务,在任务的选择上,坚持以能力为导向,突出核心技能与实操能力;在内容的组织上,整合常用的知识点和技能,实现理论与实际相统一,充分体现认知规律。

本书既可作为中、高职院校及技校机电一体化、自动化技术、机械制造专业的教材,也可作为工业机器人培训教材,还可作为从事工业机器人技术研究、开发的工程技术人员的参考书。

图书在版编目(CIP)数据

工业机器人编程与应用/郭灿彬,刘红芳主编. —武汉:华中科技大学出版社,2018.8(2025.1重印)
全国高职高专工业机器人领域人才培养“十三五”规划教材
ISBN 978-7-5680-4051-8

Ⅰ.①工…　Ⅱ.①郭…②刘…　Ⅲ.①工业机器人-程序设计-高等职业教育-教材　Ⅳ.①TP242.2

中国版本图书馆 CIP 数据核字(2018)第 178103 号

工业机器人编程与应用
Gongye Jiqiren Biancheng yu Yingyong

郭灿彬　刘红芳　主编

策划编辑:汪　富
责任编辑:戢凤平
封面设计:原色设计
责任监印:周治超
出版发行:华中科技大学出版社(中国·武汉)　　电话:(027)81321913
　　　　　武汉市东湖新技术开发区华工科技园　　邮编:430223
录　　排:武汉三月禾文化传播有限公司
印　　刷:武汉邮科印务有限公司
开　　本:787mm×1092mm　1/16
印　　张:15
字　　数:378 千字
版　　次:2025 年 1 月第 1 版第 5 次印刷
定　　价:45.00 元

前　言

为贯彻实施《中国制造 2025》国家战略需要,我国必须有一大批高素质、高技能人才作为坚实的后盾。根据《国家中长期人才发展规划纲要(2010—2020 年)》的要求,至 2020 年,我国高技能人才占技能劳动者比例将由 2008 年的 24.4% 上升至 28%,高技能人才的培养在未来必将迎来一个高速发展的黄金期。但工业机器人教材建设相对滞后,而且部分教材内容陈旧,实用性不强,无法突出高技能人才培养的特色,更没有形成高质量的体系。因此,为贯彻全国职业院校坚持以就业为导向的办学方针,实现课程对接岗位、教材对接技能的目的,更好地适应“工学结合、任务驱动模式”的教学要求,满足项目教学的需要,特编写此工业机器人教材。

全书共 7 个项目,分别是工业机器人概论、ABB 机器人操作基础、ABB 机器人 I/O 通信、ABB 机器人程序数据、ABB 机器人程序编写与运行、ABB 机器人基础编程应用和 ABB 机器人高级编程应用。每个项目又划分有数个不同的任务,在任务的选择上,坚持以能力为导向,突出核心技能与实操能力;在内容的组织上,整合常用的知识点和技能,实现理论与实际相统一,充分体现认知规律。

本书在编写的过程中充分吸收国内外职业教育的先进理念,总结了众多学校一体化教学的经验,并集合了多位一线工业机器人技术教师多年的教学经验。本书力求实现内容通俗易懂,既方便老师教学,又方便学生自学;以工作任务为引领,各部分的技能操作流程由浅入深、循序渐进、图文并茂,既有机器人基本功能的实操,又兼顾中高级编程应用;应用实例和现实生产紧密结合,可充分提高学生实际工作中分析和解决问题的能力,符合当前倡导的培养高素质、高技能人才的目标。本书由广东机电职业技术学院郭灿彬、湖北职业技术学院刘红芳担任主编。编写具体分工:项目 1 由广东机电职业技术学院冯凌云编写,项目 2、项目 4、项目 5 由广东机电职业技术学院郭灿彬编写,项目 3 由兰州资源环境职业技术学院郑建军编写,项目 6 由湖北职业技术学院刘红芳编写,项目 7 由广东机电职业技术学院朱旭义编写,在此对以上编写人员表示衷心感谢。

在编写本书的过程中参阅了同行专家学者、企业研发单位和一些院校的文献、资料和教材,在此向相关作者致以诚挚的谢意。由于编者水平有限,书中若有错漏和不妥之处,恳请读者批评指正。

编　者
2018 年 6 月

目　　录

项目 1 工业机器人概论

学习目标

（1）了解机器人的发展史；

（2）掌握工业机器人的定义；

（3）了解工业机器人的及发展趋势；

（4）熟悉工业机器人的常见分类及其行业应用；

（5）掌握工业机器人的基本组成及技术参数。

知识要点

（1）机器人的发展史；

（2）工业机器人的定义及发展趋势；

（3）工业机器人的常见分类及其行业应用；

（4）工业机器人的基本组成及技术参数。

任务 1　机器人的发展史

1. 机器人神话和古代机器人

人类早就向往着制造一种和人一样聪明灵巧的机器，这种追求和愿望，在各种神话故事里得到充分体现。

早在公元前三世纪的古希腊神话中就描述过一个克里特岛的青铜巨人"塔罗斯"，这是作者为了塑造一个国王卫士形象而虚构出来的"人造人"。"塔罗斯"全身由青铜铸造，刀枪不入，力大无比，它能一日之内绕克里特岛三周进行巡逻，防止外来人偷渡到克里特岛上来。它可以扔下巨石击沉船只，也可以使自己的身体变得炽热，以烧死周围的敌人。

1886 年法国作家利尔·亚当在他的小说《未来夏娃》中，描述过一个美丽的人形机器人"安德罗丁"，它是由齿轮、发条、电线、电钮组成的复杂机器。但它的皮肤柔软，头脑可以思考问题，外形和人一模一样。

在古代，不仅有上述这些美好的神话和幻想，而且根据当时的科学技术水平也曾制造出许多构思巧妙的"机器人"。

我国西周时代，就有关于巧匠偃师献给周穆王一个艺伎，可以唱歌跳舞，像真人一样表演的记载。后汉三国时期，蜀国丞相诸葛亮成功地创造出了"木牛流马"，用其运送军粮，支援前方战事。

图 1-1　会写字的机器人

在国外，公元前一百年，自动木偶式的"机器人"就开始作为游艺世界的玩具出现了。十八至十九世纪英国制造了会写字的机器人，它左手伏案，右手执笔，如图 1-1 所示。当人把蘸好墨汁的毛笔尖插入其手中的笔杆之后，它就可以有序地写字。这就是古代简单的具有记忆再现功能的机器人，其运动机构全部装在上臂内，手的书写动作包括左右、前后和上下等运动。这些动作都是由一组设计精巧的凸轮，通过拉杆带动手臂实现的。凸轮轴则由发条通过齿轮传动，以一定的速度旋转。由于凸轮是按照字的笔画设计和加工的，因此，当凸轮轴转动时，就会产生相应的书写动作。这种用凸轮记忆固定动作程序的方法，在古代木偶式机器人中使用得很普遍。

2. 工业机器人的诞生

目前，世界上大多数国家都用"Robot"一词来表示机器人，这个词来源于捷克剧作家卡雷尔·恰佩克于 1920 年写的科幻剧本《罗萨姆的万能机器人》，"Robot"从捷克文"Robota"衍生而来，意思是"服役的奴隶"，此后，于 1922 年才在英语中出现"Robot"一词。

工业机器人（industrial robot，简称 IR）的提法是 1960 年由《美国金属市场》报首先使用的，但这个概念是由美国人德沃尔在 1954 年申请的专利"程序控制物料传输装置"中提出来的。这个专利中所叙述的工业机器人，以现在的眼光来看，就是示教再现机器人。根据这一专利，德沃尔与美国 CCC 公司合作，成功研制出采用数字控制程序的自动化装置的原型机。随后于 1959 年，美国发明家英格伯格与德沃尔制造出世界上第一台工业机器人 Unimate，这个外形类似坦克炮塔的机器人可实现回转、伸缩、俯仰等动作，如图 1-2 所示，它被称为现代机器人的开端。之后，不同功能的工业机器人相继出现并活跃在不同领域。工业机器人的应用范围较宽，它可以帮助人们从那些繁重危险的劳动中解放出来，帮助人类去开拓新的领域、探索太空和海洋的奥秘。

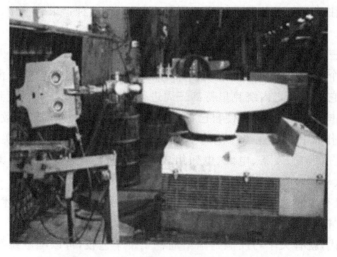

图 1-2　世界上第一台工业机器人 Unimate

任务 2　工业机器人的定义、类型和发展

1. 工业机器人的定义

工业机器人是在工业生产中使用的机器人的总称,主要用于完成工业生产中的某些作业,如搬运、焊接、喷涂、装配、码垛等。工业机器人是机器人家族中的重要一员,也是目前在技术上发展最成熟、应用最多的一类机器人。世界各国对工业机器人的定义不尽相同,但其内涵基本一致。

美国机器人协会(RIA)将工业机器人定义为:一种用于移动各种材料、零件、工具或专用装置的,通过程序动作来执行种种任务的,并具有编程能力的多功能操作机。

日本机器人协会(JIRA)提出:工业机器人是一种带有存储器件和末端操作器的通用机械,它能够通过自动化的动作替代人类劳动。

我国将工业机器人定义为:一种自动化的机器,所不同的是这种机器具备一些与人或者生物相似的智能能力,如感知能力、规划能力、动作能力和协同能力,是一种具有高度灵活性的自动化机器。

国际标准化组织(ISO)将工业机器人定义为:一种能自动控制,可重复编程,多功能、多自由度的操作机,能搬运材料、工件或操持工具来完成各种作业。目前国际上大都遵循 ISO 所下的定义。

由以上定义不难发现,工业机器人具有四个显著的特点:①具有拟人化特点,在机械结构上类似于人的手臂或者其他组织结构;②具有通用性,可执行不同的作业任务,动作程序可按需求改变;③具有独立性,完整的机器人系统在工作中可以不依赖于人的干预;④具有不同程度的智能性,如感知、记忆、推理、决策等。

2. 为何发展工业机器人?

大家常常会问为什么要发展机器人? 机器人的出现与高速发展是社会、经济发展的必然,是提高社会的生产水平和人类的生活质量的需要。机器人可以替人们干那些人们不愿干、干不了、干不好的工作。总体来说,是机器人的特点满足了社会生产的需要。

1) 环境适应性强

机器人对环境的适应性强,能代替人完成危险的操作。在人无法接近的地方,或者在长时间工作对人体有害的场所,机器人都不受影响。如冶炼、锻造、铸造和热处理车间,温度可达几百摄氏度,即使穿防护衣、戴防护面具、手套等,人也难以坚持工作。又如,在金属冲压加工中,生产节拍快,劳动强度大,操作人员稍不留神就会发生事故。此外,焊接操作中的弧光、高温烟雾和飞溅物以及喷漆作业中的毒性有机溶剂等都会危害人体健康,也需要采用工业机器人来操作。

2) 持久耐劳

机器人能持久耐劳,可以把人从繁重单调的劳动中解放出来,并能扩大和延伸人的功能。人在连续工作几小时以后,总会感到疲劳和厌倦,需要有一段休息的时间。而工业机器人可以不受工作时间和场所的限制,只要对它注意维护、检修,适当更换易损件就可以了。例如,在汽车总装配中,点焊和拧螺丝的工作量很大(一辆汽车有数百甚至上千个焊点),又由于采用传送

带流水作业,如果由人来进行这些操作,过程就会非常紧张。如果采用机械手或工业机器人,就可以把人从单调的紧张劳动中解放出来。

3)动作准确性高

机器人动作准确性高,可保证稳定而提高产品质量。工业机器人不像人那样,容易受精神和生理因素的影响,它不会因为紧张、马虎、疲劳或视觉差等引起失误。也就是说,工业机器人可以避免人为操作上的错误,而按照设计精确度(如重复定位精度)保证动作的准确性,从而保证产品质量稳定。如大规模集成电路装配等,若不采用机器人等自动化设备,而用手工操作,是不能保证达到产品质量要求的。

4)通用性好

机器人通用性灵活性好,能适应产品品种迅速变化的要求,满足柔性生产需要。现代社会用户对产品的需求不仅在数量上不断增长,而且对品种规格的要求越来越多样化。这就迫使制造厂必须不断改进产品,增加品种,以满足用户的各种需求,否则,就有在市场竞争中被淘汰的危险。工业机器人由于动作程序和运动位置(或轨迹)可灵活改变,又有较多的运动自由度,能够迅速改变作业内容,满足生产要求,因此,特别适用于产品改型、品种变化以及多品种混合生产线的场合。例如在汽车车身点焊中,无论是因车型改变而使点焊位置和焊点数变化的情况,还是在同一条线上多种车型混合生产的情况,工业机器人都能适应。

5)生产率高

采用工业机器人后可明显提高劳动生产率和降低成本。例如,日本山崎机械公司采用由18个机器人与数控机床加工单元组成的生产精密机床的自动化系统,通过中央计算机控制全部生产过程,30天就能完成过去(未采用机器人时)3个月的生产任务,两年内即可收回全部投资。美国通用电气公司为某机车制造厂制造的柔性加工系统,使生产效率提高了15倍。

机器人的诸多优点决定了它将在越来越多的领域大显身手。同时,近年来劳动力成本提高很快,多数工厂实现自动化的需求日益迫切,使工业机器人的市场份额大大提高。据中国经济信息社《全球智能制造发展指数报告(2017)》预计,2018年全球将有232万台工业机器人被部署在工厂车间,2018—2020年我国国内机器人销量将分别为16万、19.5万和23.8万台。图1-3所示为使用机器人与普通工人的年均成本比较。

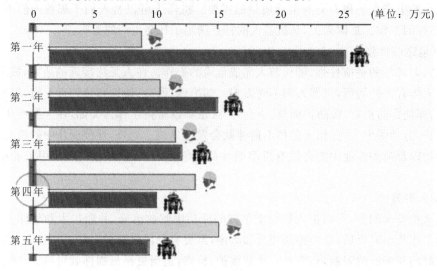

图1-3 使用机器人与普通工人的年均成本比较

3. 工业机器人的发展模式

发展工业机器人不能违背"机器人三原则",即①机器人不能伤害人类,也不允许见到人类将要受伤害而袖手旁观;②机器人必须完全服从于人类的命令,但不能违反第一原则;③机器人应保护自身的安全,但不能违反第一和第二原则。"机器人三原则"是由科幻小说家艾萨克·阿莫西夫于 1940 年首次提出的,在这个前提下,用机器人协助或替代人类从事一些不适合人类甚至超越人类的工作,可以把人类从大量的、烦琐的、重复的、危险的岗位中解放出来,实现生产自动化、柔性化、避免工伤事故,提高生产效率。

世界各国在发展工业机器人产业上各有不同,目前全球机器人研发水平最高的有日本、美国及欧洲国家,他们在发展工业机器人方面各有千秋,可归纳为三种不同的发展模式。

(1) 日本模式。

各司其职,分层面完成交钥匙工程,即机器人制造厂商以开发新型机器人和批量生产优质产品为主要目标,并由其子公司或社会上的工程公司来设计制造各行业所需的机器人成套系统。

(2) 美国模式。

采购与成套设计相结合。美国国内基本上不生产普通的工业机器人,企业需要机器人通常由工程公司进口,再自行设计、制造配套的外围设备。

(3) 欧洲国家的模式。

一揽子交钥匙工程,即机器人的生产和用户所需要的系统设计制造,全部由机器人制造商自己完成。

然而,机器人行业的发展与 30 年前的计算机行业极为相似。机器人制造公司没有统一的操作系统软件,流行的应用程序很难在五花八门的装置上运行。机器人硬件的标准化工作也尚未开始,在一台机器人上使用的编程代码,几乎不可能在另一台机器上发挥作用。如果想开发新的机器人,通常得从零开始。

我国在机器人领域的发展尚处于起步阶段,应以"美国模式"着手,在条件成熟后逐步向"日本模式"靠近。整体而言,与国外进口机器人相比,国产工业机器人在精度、速度等方面不如进口同类产品,特别是在关键核心技术上还没有取得突破。今后对领先水平的追赶必是漫长的过程。资金投入、高校联盟、人才培养,缺一不可。相关部门对机器人产业的引导应从产业特点进行考虑,尽早形成企业集群,或以产业园的方式将优秀企业聚拢起来,为进军高端技术奠定基础。

4. 工业机器人的分类

关于机器人的分类,国际上没有制定统一的标准,有的按负载重量分、有的按控制方式分、有的按自由度分、有的按结构分、有的按应用领域分。下面依据几个有代表性的分类方法列举机器人的分类。

1) 按工业机器人的结构运动形式分类

按结构运动形式分类,机器人可分为直角坐标型机器人、柱面坐标型机器人、球面坐标型机器人、多关节机器人和并联机器人。

（1）直角坐标型机器人。

直角坐标型机器人（3P）具有空间上相互垂直的三个直线移动轴，通过手臂的上下、左右移动和前后伸缩构成一个直角坐标系，通过直角坐标方向的 3 个独立自由度确定其手部的空间位置，其动作空间为一长方体。图 1-4 所示为直角坐标型机器人的工作空间示意图。

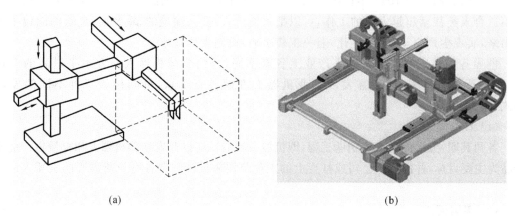

(a)　　　　　　　　　　　　　　　　(b)

图 1-4　直角坐标型机器人

（a）工作空间　（b）实物图

（2）圆柱坐标型机器人。

圆柱坐标型机器人（R3P）主要由旋转基座、垂直移动轴和水平移动轴构成，具有 1 个转动自由度和 2 个平移自由度，其动作空间呈圆柱形。圆柱坐标型机器人的工作范围呈圆柱形，如图 1-5 所示。

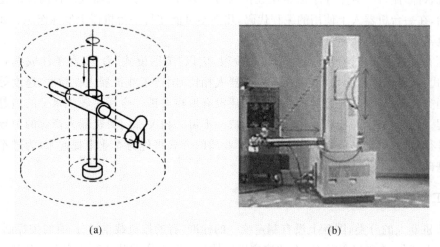

(a)　　　　　　　　　　　　　　　　(b)

图 1-5　圆柱坐标型机器人

（a）工作空间　（b）实物图

（3）球面坐标型机器人。

球面坐标型机器人（2RP）的空间位置由旋转、摆动和平移 3 个自由度确定。球面坐标型机器人动作空间形成球面的一部分，如图 1-6 所示。

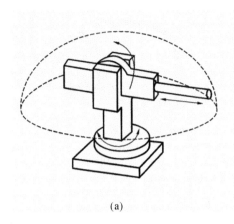
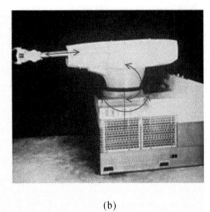

(a)　　　　　　　　　　　　　　　(b)

图 1-6　球面坐标型机器人

(a) 工作空间　(b) 实物图

（4）多关节坐标型机器人。

多关节坐标型机器人，由多个旋转和摆动机构组合而成。其特点是操作灵活性好，运动速度较高，操作范围大，但受手臂位姿的影响，实现高精度运动较困难。不少知名的机器人都采用了这种形式，其摆动方向主要有铅垂方向和水平方向两种，因此这类机器人又可分为垂直多关节机器人和水平多关节机器人。目前装机最多的多关节机器人是串联关节型垂直六轴机器人和 SCARA 型四轴机器人，它们对搬运、焊接、喷涂、装配、码垛等多种作业都有良好的适应性，应用范围越来越广。

①垂直多关节坐标型机器人(3R)模拟人类手臂的功能，其操作机构由多个关节连接的基座、大臂、小臂和手腕等构成，大、小臂既可在垂直于基座的平面内运动，也可实现绕垂直轴转动。手腕通常有 2～3 个由度，其动作空间近似一个球体，所以也称为多关节球面机器人，如图 1-7 所示。该型机器人的优点是可以自由地实现三维空间的各种姿势，可以生成各种复杂形状的轨迹；相对机器人的安装面积，其动作范围很宽。缺点是结构刚度较低，动作的绝对位置精度较低。

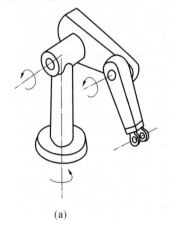
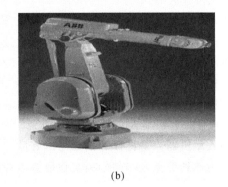

(a)　　　　　　　　　　　　　　　(b)

图 1-7　垂直多关节坐标型机器人

(a) 示意图　(b) 实物图

②水平多关节坐标型机器人在结构上具有串联配置的两个能够在水平面内旋转的手臂，自由度可以根据用途选择 2～4 个，动作空间为一圆柱体，如图 1-8 所示。其优点是在垂直方向上的刚度高，能方便地实现二维平面上的动作，在装配作业中得到普遍应用。

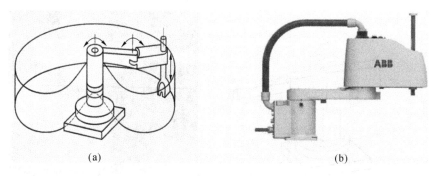

图 1-8　水平多关节坐标机器人

（a）工作空间　（b）实物图

（5）并联机器人。

并联机器人的基座和末端执行器之间至少通过两个独立的运动链相连接,机构具有 2 个或 2 个以上自由度,且是以并联方式驱动的一种闭环结构,如图 1-9 所示。只有一条运动链的机器人称为串联机器人。

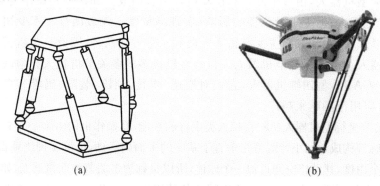

图 1-9　并联机器人

（a）示意图　（b）实物图

2）按程序输入方式分类

（1）示教再现机器人。

示教再现机器人是指具有记忆再现功能的机器人。操作者预先进行示教,示教再现机器人记忆有关作业程序、位置及其他信息,然后按照再现指令,逐条取出解读,在一定精度范围内重复被示教的程序,完成工作任务。采用示教再现（teaching/playback）方式（简称 T/P 方式）,可使机器人具有通用性和灵活性。示教再现机器人主要用于汽车制造、机械加工等行业,在非制造业如电子工业、食品工业等也有应用。

（2）编程输入型机器人。

编程输入型机器人是将计算机上已编好的作业程序文件,通过 RS232 串口或者以太网等通信方式传送到机器人控制柜而实现机器人控制的机器人。

3）按控制方式分类

（1）点位控制机器人。

点位控制机器人（point to point control robot）指只能从一个特定点移动到另一个特定点、移动路径不限的机器人。这些特定点通常是一些机械定位点。这种机器人是最简单、最便宜的机器人。

（2）连续轨迹控制机器人。

连续轨迹控制机器人（continuous path control robots）能够在运动轨迹的任意特定数量的点处停留，但不能在这些特定点之间沿某一确定的直线或曲线运动。机器人要经过的任何一点都必须储存在机器人的存储器中。

（3）可控轨迹机器人。

可控轨迹机器人（controlled-path robots），又称为计算轨迹机器人（computed trajectory robots），其控制系统能够根据要求，精确地计算出直线、圆弧、内插曲线和其他轨迹。在轨迹中的任何一点，机器人都可以达到较高的运动精度。其中有些机器人还能够用几何或代数的术语指定轨迹，只需输入所要求的起点坐标、终点坐标以及轨迹的名称，机器人就可以按指定的轨迹运行。

（4）伺服型机器人。

伺服型机器人（servo robots）是根据连续输入指令，经过信号放大，由伺服驱动机构控制运动的。通常采用位置检测元件（如电位器等模拟元件或编码器等数字元件）来检测机器人运动部件的位置和姿态变化，并作为反馈环节，以控制机器人运动部件准确定位。伺服型机器人可以获得良好的运动特性，在保证定位精度的同时，还可以控制定位前的运动速度，使之平稳、无冲击。这种机器人不仅适用于点位控制，而且适于连续轨迹控制。非伺服型机器人则无法确定自己是否已经达到指定的位置。

4）按应用环境分类

从应用环境出发，将机器人分为两大类，即工业机器人和特种机器人。

工业机器人就是面向工业领域的多关节机械手或多自由度机器人。特种机器人则是除工业机器人之外的、用于非制造业并服务于人类的各种先进机器人，包括采摘机器人、耕作机器人、探月机器人、娱乐机器人、排爆机器人、消防机器人、医疗机器人等，如图 1-10 所示。在特种机器人中，有些分支发展很快，有独立成体系的趋势，如服务机器人、水下机器人、军用机器人和微操作机器人等。

(a)　　　　　　　　　　(b)　　　　　　　　　　(c)

(d)　　　　　　　　　　(e)　　　　　　　　　　(f)

图 1-10　各种特种机器人

(a) 采摘机器人　(b) 耕作机器人　(c) 消防机器人　(d) 探月机器人　(e) 排爆机器人　(f) 医疗机器人

任务3　工业机器人的基本组成及技术参数

1. 工业机器人的基本组成

工业机器人由三大部分和六个子系统组成,如图 1-11 所示。三大部分是机械部分、传感部分和控制部分。六个子系统是驱动系统、机械结构系统、感知系统、机器人-环境交互系统、人机交互系统和控制系统。下面对六个子系统的作用分述如下。

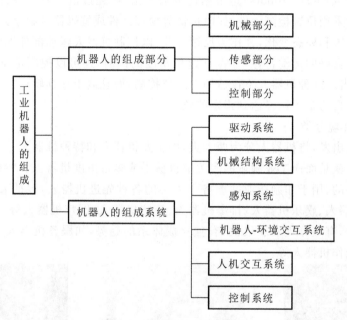

图 1-11　工业机器人的组成

1）驱动系统

要使机器人运动起来,需为各个关节即每个运动自由度安置传动装置,这就是驱动系统。驱动系统可以是液压传动、气压传动、电动传动,或者是把它们结合起来应用的综合系统,也可以是直接驱动或者通过同步带、链条、轮系、谐波齿轮等机械传动机构进行的间接传动。

2）机械结构系统

工业机器人的机械结构系统是工业机器人完成各种运动的机械部件。系统由骨骼(杆件)和连接它们的关节(运动副)构成,具有多个自由度,主要包括手部、腕部、臂部、基座等部件,如图 1-12 所示。手部又称为末端执行器或夹持器,是工业机器人对目标直接进行操作的部分,在手部可安装专用的工具,如焊枪、喷枪、电钻、电动螺钉(母)拧紧器等。腕部是连接手部和臂部的部分,主要功能是调整手部的姿态和方位。臂部用以连接机身和腕部,是支撑腕部和手部的部件,由动力关节和连杆组成,用以承受工件或工具的负荷,改变工件或工具的空间位置,并将它们送至预定位置。基座是机器人的支撑部分,若基座具备行走机构,则构成行走机器人;若基座不具备行走及弯腰机构,则构成单机器人臂。

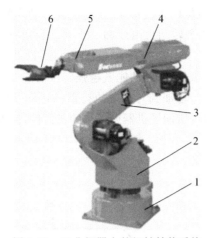

图 1-12　工业机器人的机械结构系统

1—基座；2—机身；3—大臂；4—小臂；5—腕部；6—手部

3）感知系统

感知系统由内部传感器模块和外部传感器模块组成，用以获得内部和外部环境状态中有意义的信息。工业机器人内部传感器中，位置传感器和速度传感器是当今机器人反馈控制中不可缺少的元件。工业机器人外部传感器的作用是检测作业对象及环境或机器人与它们的关系，在机器人上安装了触觉传感器、视觉传感器、力觉传感器、接近觉传感器、超声波传感器和听觉传感器，可以大大改善机器人工作状况，使其能够更充分地完成复杂的工作。

4）机器人-环境交互系统

一般工业机器人所具备的功能在本质上是由其机械部分、传感部分、控制部分的内部集成所决定的。但是，工业机器人的作业能力还取决于其与外部环境的联系和配合，即工业机器人与环境的交互能力。工业机器人与外部环境的交互包括硬件环境和软件环境。

5）人机交互系统

人机交互系统是操作人员参与机器人控制并与机器人联系的装置，操作人员通过交互系统得知机器人的信息，机器人又通过交互系统来获取操作人员的指令并进行操作，最终实现人与机器人的和谐自然交互，使人的智能和技巧能通过人机交互系统融入工业机器人中。人机交互系统归纳起来分为两大类：指令给定装置和信息显示装置，例如计算机的标准终端、指令控制台、信息显示板、危险信号报警器等。

6）控制系统

控制系统的任务是根据机器人的作业指令程序以及传感器反馈回来的信号支配机器人的执行机构去完成规定的运动和功能。假如工业机器人不具备信息反馈特征，则为开环控制系统；若具备信息反馈特征，则为闭环控制系统。根据控制原理，控制系统可分为程序控制系统、适应性控制系统和人工智能控制系统。

2. 工业机器人的技术参数

工业机器人的技术参数有许多，主要的技术参数有自由度、工作空间、工作速度、工作载荷、控制方式、驱动方式，以及精度、重复精度和分辨率。

1）自由度

机器人的自由度（degree of freedom）是操作机在空间运动所需的变量数，是用以表示机器人动作灵活程度的参数,一般以轴的直线移动、摆动或旋转动作的独立运动的数目来表示。自由物体在空间有 6 个自由度(3 个转动自由度和 3 个移动自由度),如图 1-13 所示。工业机器人往往是个开式连杆系,每个关节运动副只有 1 个自由度,因此,通常机器人的自由度数目等于其关节数。机器人的自由度数目越多,功能就越强。目前工业机器人通常具有 4～6 个自由度。当机器人的关节数(自由度)增加到对末端执行器的定向和定位不再起作用时,便出现了冗余自由度。冗余自由度的出现增加了机器人工作的灵活性,但也使控制变得更加复杂。

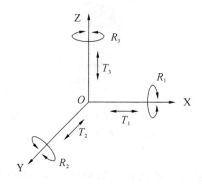

图 1-13　物体三维空间自由度

与自由度相关的概念如下。

(1)连杆。连杆是指工业机器人机械臂上被相邻两关节分开的部分,是保持各关节间固定关系的刚体。

(2)关节。关节即运动副,在机器人机构中,两相邻的连杆之间有一个公共的轴线,两杆之间允许沿该轴线相对移动或绕该轴线相对转动,此即构成一个关节。机器人关节的种类决定了机器人的运动自由度,转动关节、移动关节、回转移动关节和球关节是机器人机构中经常使用的关节类型,如图 1-14 所示。

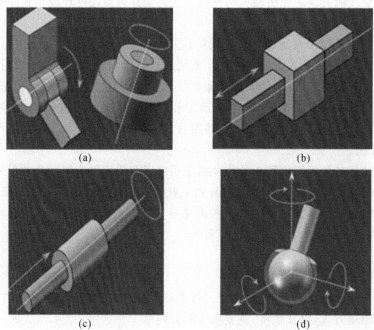

图 1-14　工业机器人常见关节类型

(a)转动关节　(b)移动关节　(c)回转移动关节　(d)球关节

① 转动关节,通常用字母 R 表示,是使相邻两个杆件的组件中的一件相对于另一件绕固定轴线转动的关节,两个杆件之间只做相对转动,这种关节有 1 个自由度。

② 移动关节,通常用字母 P 表示,是使相邻两个杆件的组件中的一件相对于另一件沿关节轴线做直线运动的关节,两个杆件之间只做相对移动,这种关节有 1 个自由度。

③ 回转移动关节,是使两个杆件的组件中的一件相对于另一件移动和绕一个移动轴线转动的关节,两个杆件之间既做相对移动又做相对转动,这种关节有 2 个自由度。

④ 球关节,是使两个杆件的组件中的一件相对于另一件在 3 个自由度上绕一固定点转动的关节,这种关节有 3 个自由度。

工业机器人中常见的图形符号如表 1-1 所示。

表 1-1　工业机器人中常见图形符号

名　　称	简图符号	参考运动方向	自由度
转动关节(平面)			1
转动关节(立体)			1
移动关节(1)			1
移动关节(2)			1
回转移动关节			2
球关节			3
基座		—	—
末端执行器	一般型 熔接 真空吸引	—	—

2）工作空间

机器人的工作空间（working space）又称工作范围、工作行程，是指机器人手臂末端或手腕中心所能到达的所有点的集合。因为末端操作器的形状和尺寸是多种多样的，为了真实地反映机器人的特征参数，一般工作范围是指不安装末端操作器的工作区域。工作范围的形状和大小十分重要，机器人在执行某作业时可能会因为存在手部不能到达的作业死区（dead zone）而不能完成任务。如图1-15所示为PUMA机器人的工作空间。

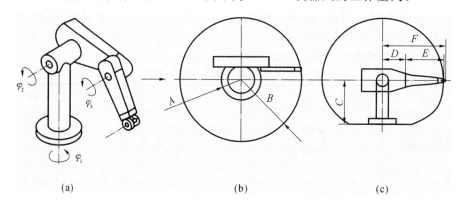

图 1-15　PUMA 机器人的工作空间

(a) 立体图　(b) 顶视图　(c) 俯视图

3）工作速度

工作速度指的是机器人在合理的工作载荷之下，匀速运动的过程中，机械接口中心或者工具中心点在单位时间内转动的角度或者移动的距离。简单来说，机器人的最大工作速度愈高，其工作效率就愈高。但是，工作速度越高就要花费更多的时间加速或减速，或者对工业机器人的最大加速度或最大减速度的要求就更高。

4）工作载荷

工作载荷是指机器人在工作范围内的任何位置上所能承受的最大质量。承载能力不仅取决于负载的质量，而且与机器人运行的速度、加速度的大小和方向有关。安全起见，承载能力这一技术指标是指高速运行时的承载能力。承载能力不仅指负载，而且包括了机器人末端操作器的质量。

5）控制方式

机器人的控制方式也被称为控制轴的方式，主要是用来控制机器人的运动轨迹。一般来说，控制方式有两种：一种是伺服控制，另一种是非伺服控制。伺服控制方式又可以细分为连续轨迹控制类和点位控制类。与非伺服控制机器人相比，伺服控制机器人具有较大的记忆储存空间，可以储存较多点位地址，可以使运行过程更加平稳。

6）驱动方式

机器人驱动器是用来使机器人发出动作的动力机构。机器人驱动器可将电能、液压能和气压能转化为机器人的动力。驱动方式是指关节执行器的动力源形式，主要有液压式、气动式和电动式等三种。

7）精度、重复精度和分辨率

定位精度又称绝对精度，是指机器人的末端执行器实际到达位置与目标位置之间的差距。重复精度指在相同的运动位置命令下，机器人重复定位其末端执行器于同一目标位置的能力，以实际位置值的分散程度来表示。分辨率指工业机器人每根轴能够实现的最小移动距离或最小转动角度。

　　工业机器人的精度、重复精度和分辨率是根据其使用要求确定的。机器人本身所能达到的精度取决于机器人结构的刚度、运动控制和驱动方式、定位和缓冲等因素。由于机器人有转动关节，不同回转半径时其直线分辨率是变化的，因此机器人的精度难以测定。由于精度一般难以测定，通常工业机器人只给出重复精度。

思考与实训

　　1. 工业机器人的定义是什么？

　　2. 按结构运动形式，工业机器人可分为哪几类？

　　3. 工业机器人由哪几部分组成？

　　4. 什么是工业机器人的自由度？

　　5. 工业机器人的主要技术参数有哪些？各参数的意义是什么？

项目 2　ABB 机器人操作基础

学习目标

学习 ABB 机器人的基本操作。

知识要点

(1) 示教器的认识和使用；

(2) 机器人的手动操纵；

(3) 转数计数器更新操作。

训练项目

(1) 初步认识机器人示教器；

(2) 示教器的常用功能；

(3) 机器人的手动操纵。

任务 1　初步认识示教器

1. 任务要求

如图 2-1 所示，要求能描述 ABB 的 IRB1410 机器人示教器结构，能进行示教器的时间、日期、语言设置，能正确使用使能器按钮。

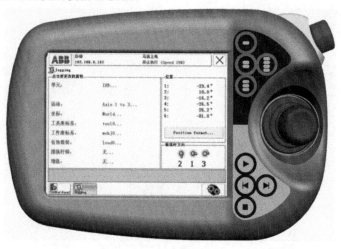

图 2-1　示教器外观

2. 知识技能准备

1）示教器的功能

示教器是进行机器人的手动操纵、程序编写、参数配置以及监控用的手持装置，也是最常用的机器人控制装置。

示教器用于处理与机器人系统操作相关的许多功能：运行程序、微动控制操纵器、修改机器人程序等。示教器可在恶劣的工业环境下持续运作，其触摸屏易于清洁，且防水、防油、防溅锡。

2）示教器的结构

示教器的组成如图 2-2 所示，各组成部分的名称如表 2-1 所示。

表 2-1　示教器各组成部分的名称

代　号	名　称
A	连接电缆
B	触摸屏
C	急停开关
D	手动操作摇杆
E	数据备份用 USB 端口
F	使能器按钮
G	触摸屏用笔
H	示教器复位按钮

3）示教器的硬件按钮

示教器触摸屏右侧有一列硬件按钮，如图 2-3 所示（左侧字母代表相应位置的按钮），各按钮的功能如表 2-2 所示。

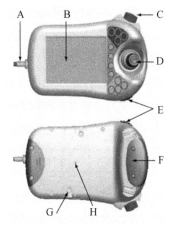

图 2-2　示教器的组成

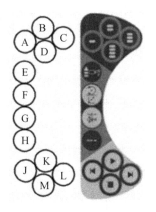

图 2-3　示教器的硬件按钮

表 2-2　示教器上各硬件按钮的功能

代　号	功　能
A～D	预设按钮1～4
E	选择机械单元
F	切换运动模式,重定位或线性
G	切换运动模式,轴1～3或轴4～6
H	切换增量
J	Step Backward(步退)按钮,按下此按钮,可使程序后退至上一条指令
K	START(启动)按钮,开始执行程序
L	Step Forward(步进)按钮,按下此按钮,可使程序后退至下一条指令
M	STOP(停止)按钮,停止程序执行

3. 任务分析

了解了示教器功能后就可以使用示教器操作机器人了,但示教器的握持方法、触摸屏操作、示教器使用注意事项还需要进行具体分析。

1) 示教器的握持方法

在了解了示教器的构造以后,我们来看看应该如何操作示教器(FlexPendant)。操作 FlexPendant 时,通常会手持该设备。惯用右手者用左手持设备,右手在触摸屏上执行操作,如图 2-4 所示。而惯用左手者可以将示教器旋转180°,使用右手持设备,如图 2-5 所示。

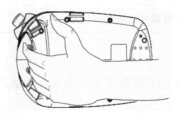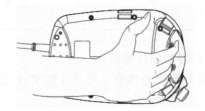

图 2-4　用左手持设备　　　　　　　　图 2-5　用右手持设备

2) 示教器触摸屏

手握示教器后便可以在触摸屏上进行相应操作,触摸屏主界面如图 2-6 所示,其各项目名称如表 2-3 所示。

表 2-3　触摸屏主界面各项目名称

代　号	名　称
A	ABB 菜单
B	操作员窗口
C	状态栏
D	关闭按钮
E	任务栏
F	快速设置菜单

图 2-6　触摸屏主界面

（1）ABB 菜单。

可以从 ABB 菜单中选择以下项目：

· HotEdit

· 输入和输出

· 微动控制

· Production Window（运行窗口）

· Program Editor（程序编辑器）

· Program Data（程序数据）

· Backup and Restore（备份与恢复）

· Calibration（校准）

· Control Panel（控制面板）

· Event Log（事件日志）

· FlexPendant Explorer（FlexPendant 资源管理器）

· 系统信息等

（2）操作员窗口。

操作员窗口用来显示来自机器人程序的消息。程序需要操作员做出某种响应以便继续时此窗口往往会出现消息提示。

（3）状态栏。

状态栏显示与系统状态有关的重要信息，如操作模式、电动机开启/关闭、程序状态等。

（4）关闭按钮。

点击关闭按钮将关闭当前打开的视图或应用程序。

（5）任务栏。

通过 ABB 菜单可打开多个视图（最多打开 6 个视图窗口），但一次只能操作一个。任务栏显示所有打开的视图，并可用于视图切换。

（6）快速设置菜单。

快速设置菜单包含对微动控制和程序执行进行的设置。

3）示教器使用注意事项

示教器在使用时应注意以下事项。

① 小心操作，不要摔打、抛掷或重击 FlexPendant。

② 设备不使用时，请将其置于立式壁架上存放，防止意外脱落。

③ FlexPendant 的使用和存储方式应避免其电缆将人绊倒。

④ 切勿使用锋利的物品（如螺丝刀或笔尖）操作触摸屏，可用手指或触摸笔（位于带有 USB 端口的 FlexPendant 的背面）。

⑤ 定期清洁触摸屏，以免灰尘等微小颗粒挡住触摸屏造成故障。

⑥ 切勿使用溶剂、洗涤剂或擦洗海绵清洁 FlexPendant，应使用软布蘸少量水或中性清洁剂进行清洁。

⑦ 未连接 USB 设备时请盖上 USB 端口的保护盖，以免发生故障。

⑧ 将断开连接的 FlexPendant 存放在不会造成错误连接控制器的地方。

4. 任务实施

1）示教器屏幕旋转

如遇左手操作者，应将示教器屏幕旋转，以方便操作者右手握持示教器，操作界面如图 2-7 所示。

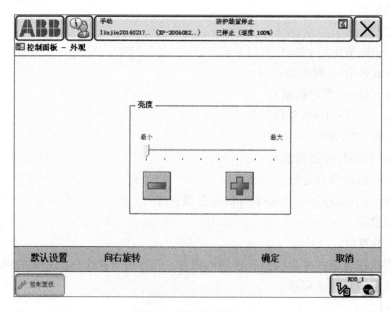

图 2-7 示教器屏幕旋转

操作步骤为：

• 单击"ABB"按钮；

• 选择"控制面板"；

• 单击"外观"；

• 选择"向右旋转"；

• 选择"确定"。

2）示教器语言设置

示教器出厂时，默认的显示语言是英语，为了方便操作，下面介绍把显示语言设定为中文的操作步骤。

操作步骤为：

· 单击"ABB"按钮。

· 选择"Control Panel"（控制面板）；

· 选择"Language"，如图 2-8 所示。

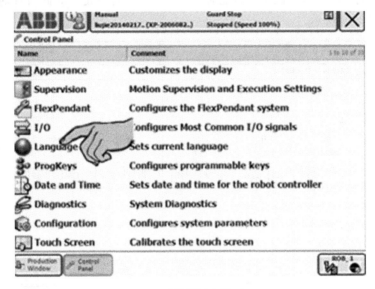

图 2-8　示教器语言设置（1）

· 选择"Chinese"；

· 单击"OK"；

· 单击"YES"后，系统重启，如图 2-9 所示。

图 2-9　示教器语言设置（2）

· 重启后，单击"ABB"就能看到菜单已切换成中文界面。

3）设置机器人系统时间

为了方便进行文件的管理和故障的查阅与管理，在进行各种操作之前要将机器人系统的时间设定为本地时区的时间。

具体操作如下：

·单击"ABB"按钮；

·选择"控制面板"；

·选择"日期与时间"，在此页面就能对时间与日期进行设定。时间与日期修改完后，单击"确定"，如图 2-10 所示。

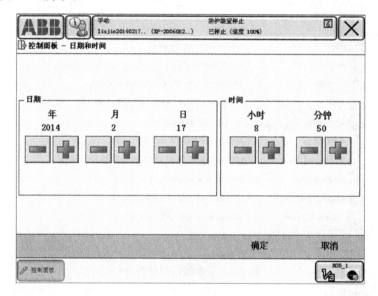

图 2-10　机器人时间设置

4）示教器使能器的正确使用

（1）使能器按钮的作用

使能器按钮是工业机器人为保证操作人员人身安全而设置的。只有按下使能器按钮，并保持在"电动机开启"的状态，才可对机器人进行手动操纵与程序调试。当发生危险时，人会本能地将使能器按钮松开或按紧，这两种情况下机器人都会马上停下来，以保证安全。

（2）使能器位置。

使能器按钮位于示教器手动操作摇杆的右侧，如图 2-11 所示。

（3）使能器的操作要领。

操作者应用左手的四个手指进行操作，如图 2-12 所示。

图 2-11　使能器位置

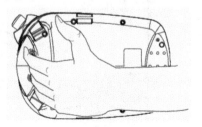

图 2-12　使能器操作示意

（4）使能器挡位。

· 自动模式下，使能器无效。

· 手动模式下，使能器有三挡位置：

　起始位置为"0"，机器人电动机不上电；

　中间位置为"1"，机器人电动机上电；

　最终位置为"0"，机器人电动机不上电。

具体操作如下：

· 手动模式下，将使能器的中间位置按下去，机器人将处于电动机开启状态，如图 2-13 所示。

图 2-13　使能器操作（1）

· 手动模式下，将使能器的起始位置与最终位置按下去，机器人将处于防护装置停止状态，如图 2-14 所示。

图 2-14　使能器操作（2）

注：达到最终位置，必须回到起始状态才能再次使电动机上电。

任务 2 示教器常用功能

1. 任务要求

学习在示教器上进行数据的备份与恢复、查看信息和日志、重启系统等常用功能的操作。

2. 知识准备和任务分析

1）备份和恢复

（1）数据备份。

定期对 ABB 机器人的数据进行备份，是保证 ABB 机器人正常工作的良好习惯，是进行数据恢复的基础。

（2）数据恢复。

ABB 机器人数据备份的对象是所有正在系统内存运行的 RAPID 程序和系统参数。当机器人系统出现错乱或者重新安装系统以后，可以通过备份快速地把机器人恢复到备份时的状态。

2）常用信息与事件日志的查看

为了了解机器人的工作状态等，可以通过示教器页面上的状态栏查看 ABB 机器人的常用信息。

3）机器人系统的重启

通过示教器操作可实现机器人系统的重启。

3. 任务实施

1）数据备份与恢复

（1）备份。

对 ABB 机器人数据进行备份的操作如下：

· 选择"ABB"按钮；

· 选择"备份与恢复"；

· 单击"备份当前系统..."按钮，如图 2-15 所示；

· 单击"ABC..."按钮，进行存放备份数据目录名称的设定；

· 单击"..."按钮，选择备份存放的位置（机器人硬盘或 USB 存储设备）；

· 单击"备份"按钮，进行备份的操作，备份完毕，可在存储路径查看备份文件，如图 2-16 所示。

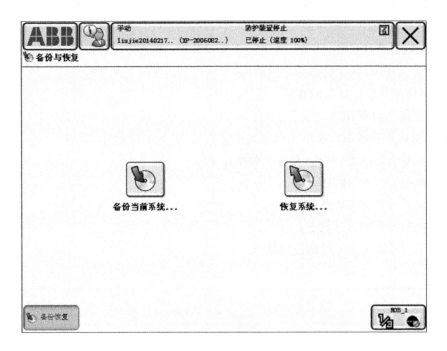

图 2-15　机器人系统备份(1)

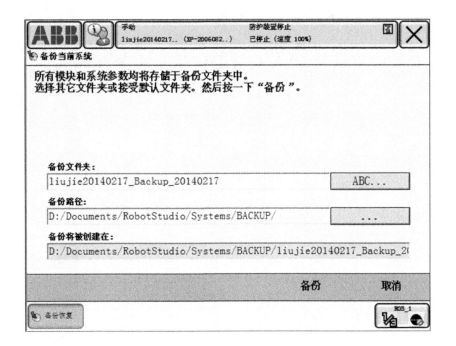

图 2-16　机器人系统备份(2)

（2）恢复.

对 ABB 机器人数据进行恢复的操作如下：

· 单击"恢复系统..."按钮；

· 单击"..."按钮，选择备份存放的目录；

· 单击"恢复"按钮；

· 单击"是"按钮。

注：备份数据是具有唯一性的，在进行恢复操作时，不能将一台机器人的备份文件恢复到另一台机器人中去，这样会造成系统故障。

2）常用信息与事件日志的查看

（1）常用信息的查看。

示教器触摸屏的状态栏显示了机器人系统信息，如图 2-17 所示，其中：

A——机器人的状态（手动、全速手动和自动）；

B——机器人的系统信息；

C——机器人电动机状态；

D——机器人程序运行状态；

E——当前机器人或外轴的使用状态。

图 2-17　示教器状态栏

（2）事件日志的查看。

为了了解机器人系统的工作情况，可查看事件日志。单击示教器触摸屏的状态栏，就可查看机器人事件日志，如图 2-18 所示。

3）机器人系统的重启

机器人系统的重启步骤如下：

· 单击"ABB"按钮；

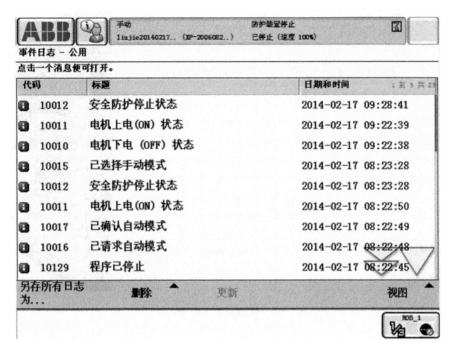

图 2-18　机器人事件日志

· 单击右下角"重新启动"按钮，如图 2-19 所示；

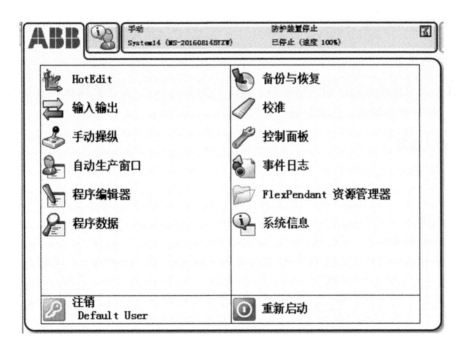

图 2-19　机器人系统的重启（1）

· 单击右下角"重启"按钮，如图 2-20 所示。

注：机器人系统重启需要一个过程，请单击"重启"后耐心等待。

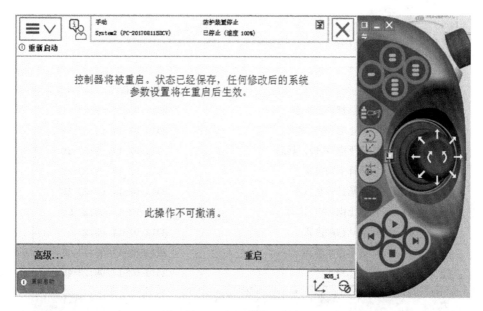

图 2-20 机器人系统的重启（2）

任务 3 机器人系统的手动操纵

1. 任务要求

本任务要求使用单轴运动调整机器人姿态后走直线轨迹，并在直线轨迹末端点做姿态调整运动，最后进行转数计数器更新操作并关机。

2. 知识准备

1）机器人的坐标系

机器人的运动方向、坐标位置需要通过坐标系测量，机器人系统中设置了若干坐标系，具体介绍如下。

（1）大地坐标系。

大地坐标系由机器人系统自定义，每个机器人自带一个大地坐标系。其原点位于机器人底座正中心，如图 2-21 所示。

大地坐标系是机器人其他坐标系的基准，其他坐标系都是相对大地坐标系进行定位和定向的。

（2）基坐标系。

一般情况，基坐标系和大地坐标系一致，可视为同一坐标系。线性运动模式机器人默认使用该坐标系。该坐标系的坐标原点、方向可修改，但属于系统参数的修改，需慎重。

（3）工件坐标系。

工件坐标系为用户自定义坐标系。其坐标原点和坐标方向结合加工工件的实际情况确

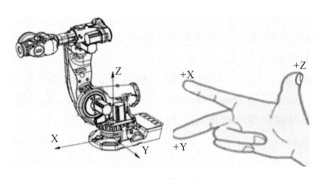

图 2-21　大地坐标系

定,主要在手动操纵和编程中使用。如图 2-22 所示,定义新的工件坐标,C 轨迹不需要重新编写程序,可大大简化编程工作,提升工作效率。

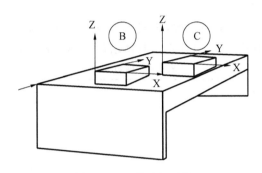

图 2-22　工件坐标示例

（4）工具坐标系。

工具坐标系为用户自定义坐标系。坐标原点和方向根据机器人末端执行器（工具）的实际情况确定,如图 2-23 所示。工具坐标系建立后,跟随机器人末端执行器一起在空间运动,机器人在空间中的点位坐标实际上是工具坐标系原点在基坐标系的坐标值,而机器人的姿态是工具坐标系相对于基坐标系的坐标轴夹角。机器人重定位运动的默认坐标系为工具坐标系。

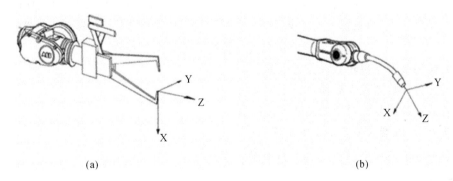

图 2-23　工具坐标系

2）机器人的手动操纵类型

手动操纵机器人运动一共有三种模式:单轴运动、线性运动和重定位运动。下面介绍这三种运动。

（1）单轴运动。

ABB 机器人是由六个伺服电动机分别驱动机器人的六个关节轴,每次手动操纵一个关节轴的运动,就称为单轴运动。

可以将机器人的操纵杆比作汽车的节气门,操纵杆的操作幅度是与机器人的运动速度相关的。操纵幅度较小,则机器人运动速度较慢;操纵幅度较大,则机器人运动速度较快。

注:刚刚开始学习时应尽量小幅度操纵使机器人慢慢运动。

（2）线性运动。

机器人的线性运动是指安装在机器人第六轴法兰盘上的工具 TCP 在空间中做线性运动。

如果对使用操纵杆通过位移幅度来控制机器人运动的速度不熟练,那么可以使用增量模式来控制机器人的运动。

在增量模式下,操纵杆每位移一次,机器人就移动一步。如果操纵杆持续一秒或数秒钟,机器人就会持续移动(速率为 10 步/s),具体增量大小如表 2-4 所示。

表 2-4　增量大小

增　　量	移动距离/mm	角　　度/(°)
小	0.05	0.005
中	1	0.02
大	5	0.2
用户自定义	自定义	自定义

（3）重定位运动。

机器人重定位运动是指机器人第六轴法兰盘上的工具 TCP 在空间绕着坐标轴旋转的运动,也可以理解为机器人绕着工具 TCP 做姿态调整的运动。

3）转数计数器更新

ABB 机器人六个关节轴都有一个机械原点的位置。当机器人断电后,坐标数据由电池供电记录。若该数据丢失,则机器人无法找到零点位置。此时,应对机器人进行转数计数器更新操作。

在以下情况,需要对机械原点的位置进行转数计数器更新操作。

① 更换伺服电动机转数计数器电池后;

② 当转数计数器发生故障进行了修复后;

③ 转数计数器与测量板之间断开过以后;

④ 断电后,机器人关节轴发生了移动;

⑤ 当系统报警提示"10036 转数计数器未更新"时。

3. 任务分析

该任务要求使用单轴运动调整机器人姿态后走直线轨迹,并在直线轨迹末端点做姿态调整运动,最后进行转数计数器更新操作并关机。

根据任务要求,机器人动作依次为:单轴运动—线性运动—重定位运动—转数计数器更新—关机。

① 单轴运动:手动切换为单轴运动状态;

② 线性运动:注意选择对应的工件坐标系;

③ 重定位运动:注意选择对应的工具坐标系;

④ 转数计数器更新:首先通过单轴运动回机械原点,接着编辑电动机校准偏移值,然后进行转数计数器更新,最后校准位置检测。

4. 任务实施

1) 单轴运动操作

单轴运动的操作步骤如下:

· 将控制柜机器人状态钥匙切换到中间手动限速状态,如图 2-24 所示。

· 在状态栏中确认机器人状态已切换为"手动",如图2-25所示。

· 单击"ABB"按钮。

· 选择"手动操纵"。

· 单击"动作模式",如图 2-26 所示。

· 选择"轴 1-3",然后单击"确定",如图 2-27 所示。

· 用左手按下使能器按钮,进入"电机开启"状态。

· 在状态栏中,确认"电机开启"状态,如图 2-28 所示。

图 2-24　手动限速模式

图 2-25　确认状态为"手动"

· 显示"轴 1-3"的操纵杆方向,箭头代表正方向,如图 2-29 所示。

· 移动操纵杆实现"轴 1-3"的单轴运动;选中"轴 4-6"可操纵"轴 4-6"。

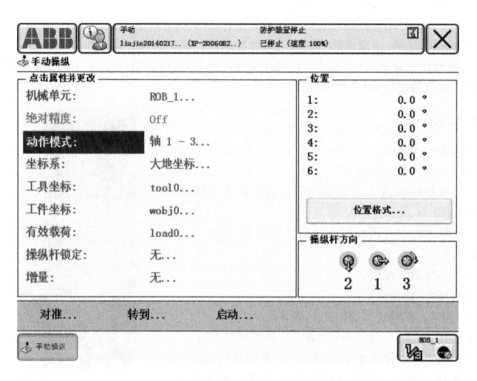

图 2-26 动作模式画面

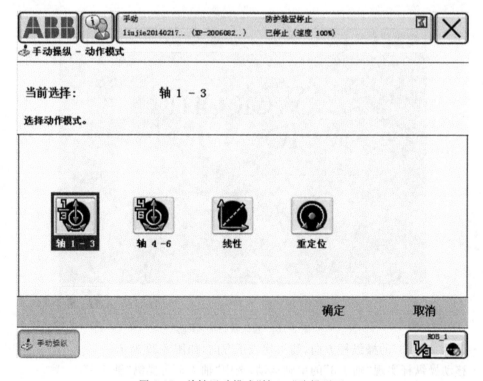

图 2-27 单轴运动模式"轴 1-3"选择画面

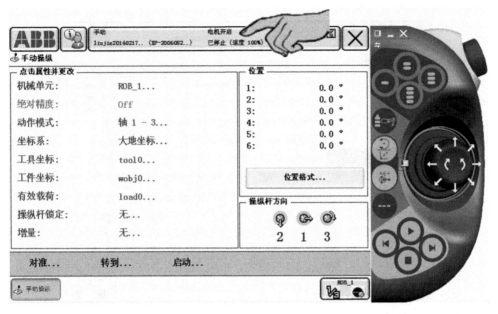

图 2-28　"电机开启"确认画面

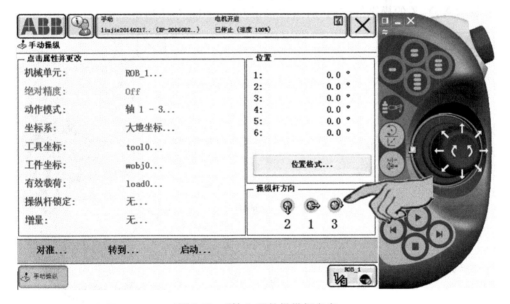

图 2-29　"轴 1-3"的操纵杆方向

2）线性运动操作

线性运动的操作步骤如下：

·选择"手动操纵"。

·单击"动作模式"。

·选择"线性"，然后单击"确定"按钮。

·单击"工具坐标"，如图 2-30 所示。

·选中对应的工具坐标系"tool 1"。

·用左手按下使能按钮，进入"电机开启"状态。

·在状态栏中，确认"电机开启"状态。

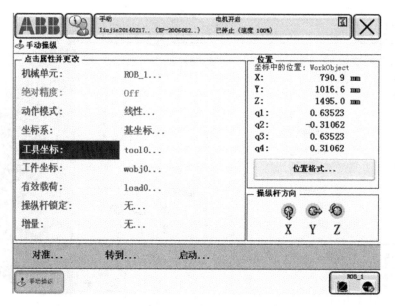

图 2-30　工具坐标设置

·显示 X、Y、Z 的操纵杆方向,箭头代表正方向,如图 2-31 所示。

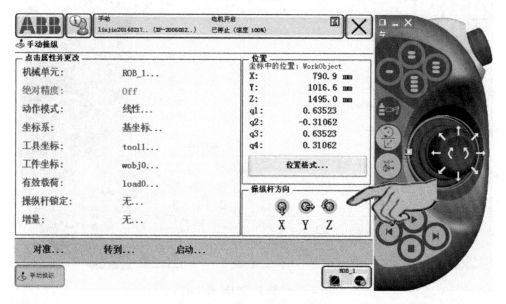

图 2-31　线性运动操纵杆方向

·操作示教器上的操纵杆,工具 TCP 在空间中做线性运动。

注:机器人的线性运动要在"工具坐标"中指定对应的工具。

增量模式的操作步骤如下:

·选择"手动操纵"。

·选中"增量",如图 2-32 所示。

·根据需要选择增量的移动距离,然后单击"确定",如图 2-33 所示。

·操作示教器上的操纵杆,工具 TCP 在空间中做线性运动。

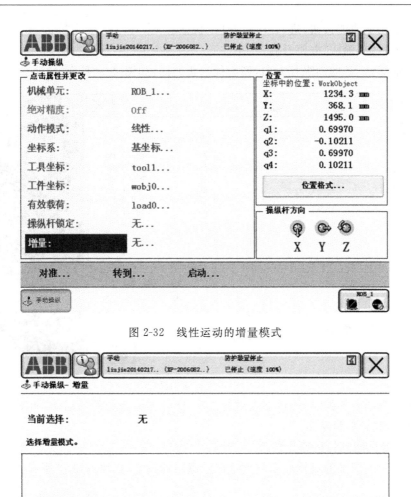

图 2-32　线性运动的增量模式

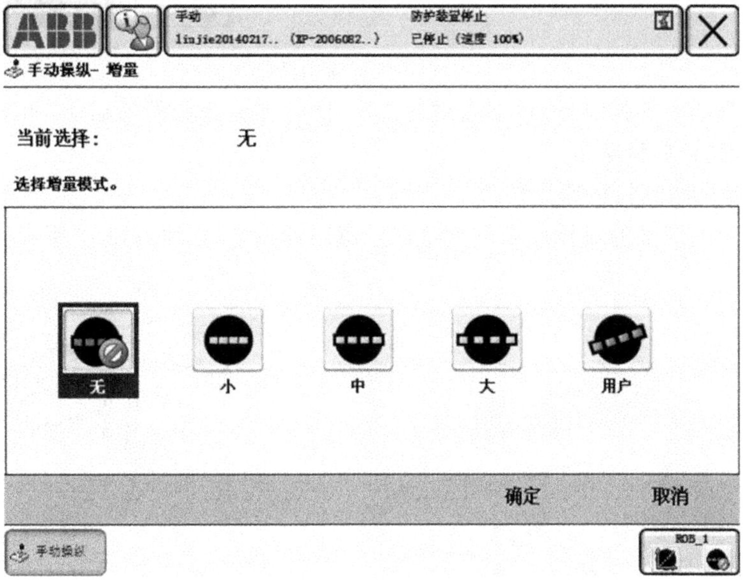

图 2-33　增量模式选择

3）重定位运动操作

手动操纵重定位运动的方法如下：

· 选择"手动操纵"。

· 单击"运作模式"。

· 选中"重定位"，然后单击"确定"。

· 单击"坐标系"。

· 选中"工具"，然后单击"确定"。

· 单击"工具坐标系"。

· 选中正在使用的"tool 1"。

- 用左手按下使能按钮，进入"电机开启"状态。
- 在状态栏中，确认"电机开启"状态。
- 显示轴 X、Y、Z 的操纵杆方向，箭头代表正方向，如图 2-34 所示。

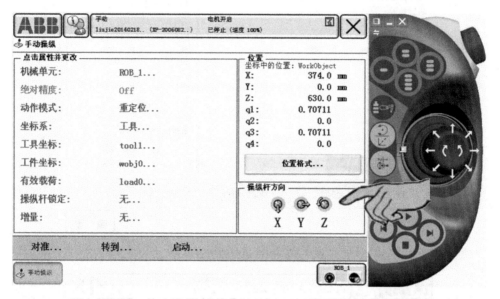

图 2-34 重定位运动操纵杆方向

- 操作示教器上的操纵杆，机器人绕着工具 TCP 做姿态调整的运动，如图 2-35 所示。

4）转数计数器更新操作

（1）手动操纵回到机械原点位置。

机器人六个关节轴的机械原点刻度位置示意图如图 2-36 和图 2-37 所示。

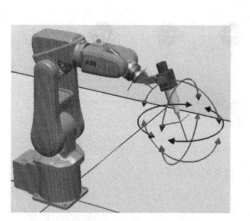

图 2-35 重定位运动

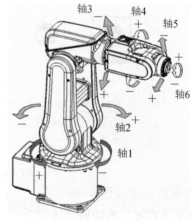

图 2-36 机械原点示意图

注：使用手动操纵让机器人各关节轴运动到机械原点刻度位置的顺序是：4—5—6—1—2—3。

具体操作步骤如下：

- 在手动操纵菜单中，选择"轴 4-6"运作模式，将关节 4 运动到机械原点的刻度位置。
- 在手动操纵菜单中，选择"轴 4-6"运作模式，将关节 5 运动到机械原点的刻度位置。
- 在手动操纵菜单中，选择"轴 4-6"运作模式，将关节 6 运动到机械原点的刻度位置。

图 2-37　机器人机械原点位置

- 在手动操纵菜单中,选择"轴 1-3"运作模式,将关节 1 运动到机械原点的刻度位置。
- 在手动操纵菜单中,选择"轴 1-3"运作模式,将关节 2 运动到机械原点的刻度位置。
- 在手动操纵菜单中,选择"轴 1-3"运作模式,将关节 3 运动到机械原点的刻度位置。

（2）编辑电动机校准偏移值。

具体操作步骤如下：

- 单击"ABB"菜单。
- 选择"校准"。
- 单击"ROB-1"。
- 选择"校准参数",如图 2-38 所示。

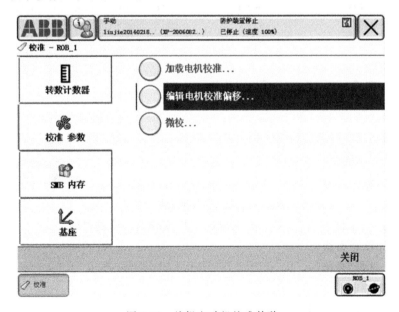

图 2-38　编辑电动机校准偏移

- 选择"编辑电机校准偏移..."。

• 将机器人本体上电动机校准偏移数据记录下来,如图 2-39 所示。

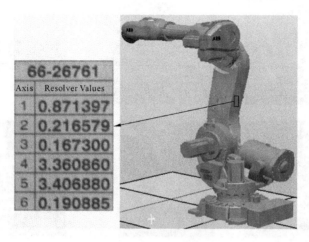

图 2-39　电动机校准偏移数据

• 在弹出的对话框中单击"是"。

• 输入刚才从机器人本体记录的电动机校准偏移数据,然后单击"确定"。如果示教器中显示的数值与机器人本体上的标签一致,则无须修改,直接单击"取消"退出,进行转数计数器更新,如图 2-40 所示。

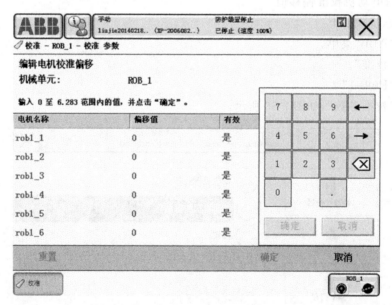

图 2-40　电动机校准偏移值修改

• 在弹出的对话框中单击"是",即完成电动机校准偏移值的修改。

（3）转数计数器更新。

• 重启后,选择"校准"。

• 单击"ROB-1"。

• 选择"更新转数计数器..."，如图 2-41 所示。

• 在弹出的对话框中单击"是",如图 2-42 所示。

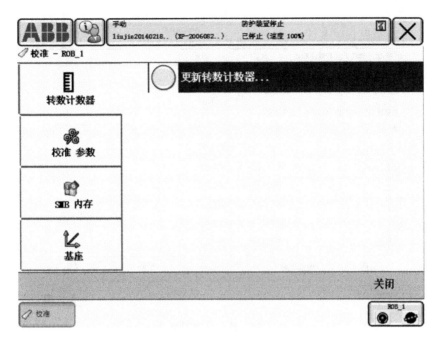

图 2-41　转数计数器更新

图 2-42　转数计数器更新确认

· 单击"全选",然后单击"更新",如图 2-43 所示。

注:如果机器人由于安装位置的关系,无法六个轴同时到达机械原点刻度位置,则可以逐一对关节轴进行转数计数器更新。

· 单击"更新",如图 2-44 所示。

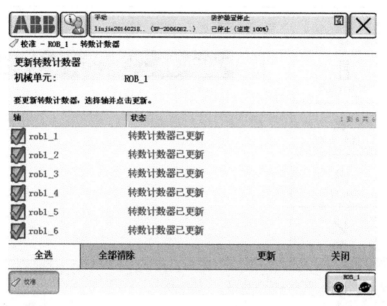

图 2-43　转数计数器更新

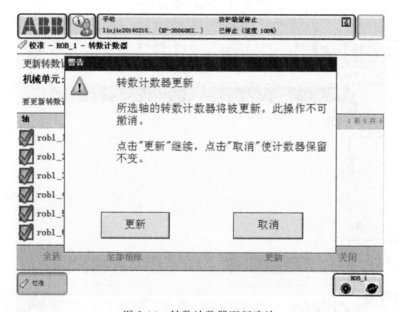

图 2-44　转数计数器更新确认

·操作完成后，转数计数器更新完成，如图 2-45 所示。

（4）校准位置检测。

机器人经过校准操作以后，需检查校准是否成功。常采用手动操作检测。

手动操作检测的操作方法如下：

·在单轴运动模式下控制机器人 1、2、3 轴的转动，将机器人的 1、2、3 轴手动运行到示教器上轴位置为零的位置，如图 2-46 所示。

·检查机器人本体的 1、2、3 轴机械原点位置的标记是否正确对齐。

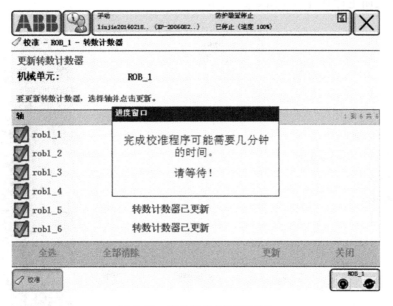

图 2-45   转数计数器更新完成

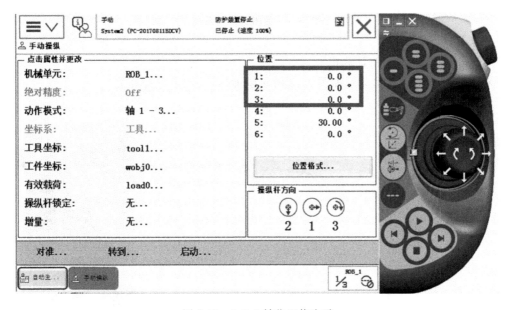

图 2-46   1、2、3 轴位置值为零

· 同样对 4、5、6 轴进行检测。

· 检查对齐则表示校准位置检测通过,否则需重新进行转数计数器更新操作。

5)机器人系统关闭

(1)关闭机器人系统。

操作步骤如下:

· 单击主菜单按钮。

· 单击右下角"重新启动"。

· 单击左下角"高级"。

·选择"关闭主计算机",如图 2-47 所示。

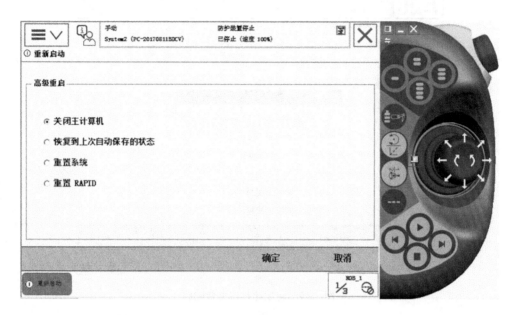

图 2-47 关闭机器人系统

·单击右下角"确定"。

·单击右下角"关闭主计算机"。

·等待约 30 s 示教器显示如图 2-48 所示画面后,关闭主电源开关。

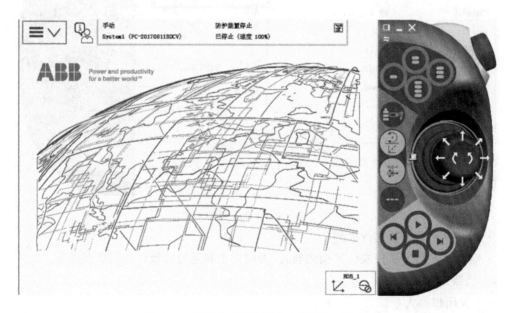

图 2-48 机器人系统关闭中示教器画面状态

(2)急停的启动与恢复。

① 急停的启动。当机器人本体威胁到工作人员或机器设备的安全时,需在第一时间按下最近的急停按钮。此时,机器人进入急停状态,系统自动断开驱动电源与本体电动机的连接,停止所有部件的运行。

　　操作步骤为：按下示教器右上角红色急停按钮（见图 2-49）或控制柜左上角红色按钮（见图 2-50），则启动急停，状态栏用红色文字显示"紧急停止"，如图 2-49 所示。

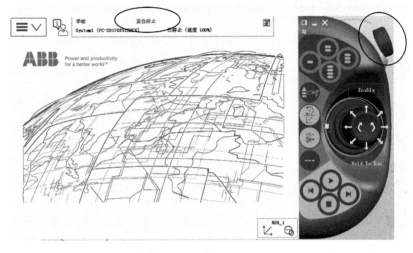

图 2-49　示教器急停　　　　　　　　　　　　　图 2-50　控制柜急停

　　② 急停的恢复。当危险状态排除，机器人系统重新恢复运行，此时，需解除急停。

有如下两种操作方法：

　　（a）将急停按钮拉起或旋起，示教器状态栏显示"紧急停止后等待电机开启"，如图 2-51 所示。

　　（b）按下控制柜"电机上电/复位"按钮，如图 2-52 所示，示教器状态栏中的红色文字消失，急停恢复。

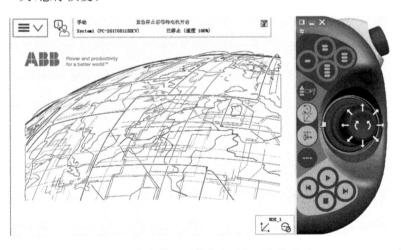

图 2-51　紧急停止后等待电动机开启的画面　　　　图 2-52　"电机上电/复位"按钮

思考与实训

1. 机器人示教器有哪些按钮？各按钮主要功能是什么？

2. 如何重启机器人系统？

3. 简述机器人系统启动急停并恢复的操作。

4. 机器人的手动操纵有哪三种方式？完成下列操作：

（1）开启机器人系统，配置示教器操作环境，完成机器人校准。

（2）选择合适的运动模式，将机器人运动到如图 2-53 所示姿态位置。

（3）利用重定位运动将机器人的工具末端以图 2-54 所示的 4 种姿态对准参考点。

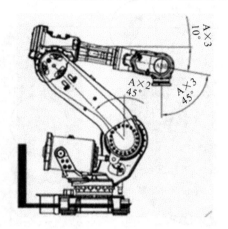

图 2-53　机器人的姿态位置

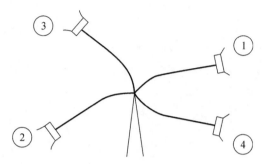

图 2-54　工具末端姿态

项目 3   ABB 机器人 I/O 通信

学习目标

(1) 了解工业机器人 I/O 通信的种类;

(2) 了解几款常用 ABB 标准 I/O 板;

(3) 能够正确进行 DSQC651 板的配置;

(4) 能够根据要求正确建立工业机器人的 I/O 通信;

(5) 学会系统输入/输出的使用。

知识要点

(1) ABB 标准 I/O 板的主要构成及作用;

(2) DSQC651 板和 DSQC652 板的接口端子及地址分配。

训练项目

(1) 配置 DSQC651 标准 I/O 板;

(2) 操作监控 I/O 信号。

任务 1   认识工业机器人 I/O 通信的种类

I/O 通信如同人类的耳和口,又如人类的语言体系。工业机器人将控制系统通过输入获取的信息,经过运算处理后再输出给机器人本体或外围设备。ABB 工业机器人提供了丰富的 I/O 通信接口,如 ABB 的标准通信、与 PLC 的现场总线通信、与 PC 的数据通信,如图 3-1 所示,可以轻松地实现与周边设备的通信。

ABB 的标准 I/O 板提供的常用信号处理有数字量输入、数字量输出、组输入、组输出、模拟量输入、模拟量输出。

ABB 工业机器人可选配 ABB 的标准 PLC,省去了与外部 PLC 进行通信设置的麻烦,并且在工业机器人的示教器上能够实现与 PLC 的相关操作。

图 3-2 所示为 ABB 工业机器人控制柜 I/O 板安装位置,其中 A 处为主计算单元,B 处为 ABB 标准 I/O 板的一般安装位置。

图 3-3 所示为 ABB 工业机器人主计算单元及接口。表 3-1 所示为工业机器人主计算单元及接口介绍(与图 3-3 对应)。

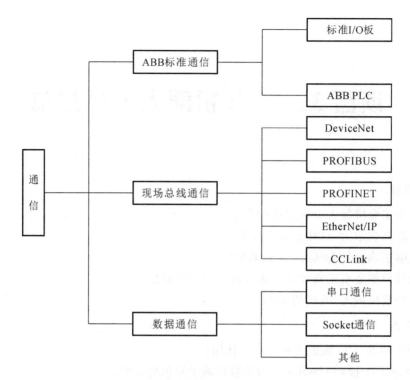

图 3-1　ABB 的通信种类

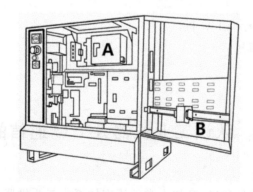

图 3-2　ABB 工业机器人控制柜

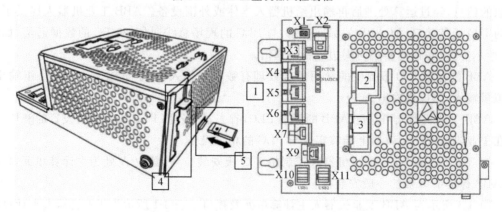

图 3-3　ABB 工业机器人主计算单元及接口

表 3-1　ABB 工业机器人主计算单元及接口介绍

序　号	接口介绍	
1	X1：电源	X6：WAN
	X2：服务器端口（连接 PC）	X7：面板
	X3：LAN1	X9：轴计算机
	X4：LAN2	X10：USB 端口
	X5：LAN3	X11：USB 端口
2	RS232 串口及调试端口	
3	工业通信总线接口	
4	标配 DeviceNet 总线板	
5	存储插槽及 SD 存储卡，标配 2 GB	

图 3-4 所示为控制柜接口，相应接口说明如表 3-2 所示。

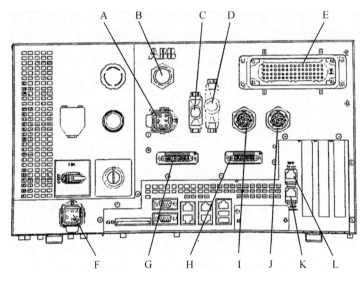

图 3-4　控制柜接口

表 3-2　控制柜接口说明

标　号	说　明
A	附加轴电源电缆插接器
B	示教器插接器
C	I/O 插接器
D	安全插接器
E	电源电缆插接器
F	电源输入插接器
G	电源插接器
H	DeviceNet 插接器

标号	说　　明
I	信号电缆插接器
J	信号电缆插接器
K	轴选择器插接器
L	附加轴（除机器人本体轴之外的轴，如外部移动轴）信号电缆插接器

任务 2　工业机器人的 I/O 通信

本任务将介绍表 3-3 中所示的常用 ABB 标准 I/O 板（具体规格参数以 ABB 官方最新公布信息为准）。

表 3-3　ABB 标准 I/O 板

型　　号	说　　明
DSQC651	分布式 I/O 模块 di8/do8/ao2
DSQC652	分布式 I/O 模块 di16/do16
DSQC653	分布式 I/O 模块 di8/do8，带继电器
DSQC355A	分布式 I/O 模块 ai4/ao4
DSQC377A	输送链跟踪单元

1. DSQC651 板

DSQC651 板主要进行 8 个数字输入信号、8 个数字输出信号和 2 个模拟输出信号的处理。

1）模块接口

DSQC651 板的模块接口如图 3-5 所示，相应的模块接口说明见表 3-4。

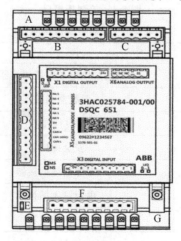

图 3-5　DSQC651 板的模块接口

表 3-4　DSQC651 板模块接口说明

标　号	说　明
A	数字输出信号指示灯
B	X1：数字输出接口
C	X6：模拟输出接口
D	X5：DeviceNet 接口
E	模块状态指示灯
F	X3：数字输入接口
G	数字输入信号指示灯

2）模块接口的连接

X1 接口端子说明见表 3-5，X3 接口端子说明见表 3-6，X5 接口端子说明见表 3-7。

表 3-5　X1 接口端子说明

X1 端子编号	使用定义	地　址　分　配
1	OUTPUT CH1	32
2	OUTPUT CH2	33
3	OUTPUT CH3	34
4	OUTPUT CH4	35
5	OUTPUT CH5	36
6	OUTPUT CH6	37
7	OUTPUT CH7	38
8	OUTPUT CH8	39
9	0 V	—
10	24 V	—

表 3-6　X3 接口端子说明

X3 端子编号	使用定义	地　址　分　配
1	INPUT　CH1	0
2	INPUT　CH2	1
3	INPUT　CH3	2
4	INPUT　CH4	3
5	INPUT　CH5	4
6	INPUT　CH6	5
7	INPUT　CH7	6
8	INPUT　CH8	7
9	0 V	—
10	未使用	—

表 3-7　X5 接口端子说明

X5 端子编号	使 用 定 义
1	0 V,BLACK(黑色)
2	CAN 信号线 low,BLUE(蓝色)
3	屏蔽线
4	CAN 信号线 high,WHITE(白色)
5	24 V,RED(红色)
6	GND 地址选择公共端
7	模块 ID bit0(LSB)
8	模块 ID bit1(LSB)
9	模块 ID bit2(LSB)
10	模块 ID bit3(LSB)
11	模块 ID bit4(LSB)
12	模块 ID bit5(LSB)

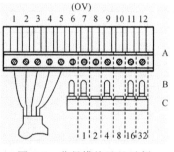

图 3-6　获得模块地址示例

ABB 标准 I/O 板是挂在 DeviceNet 网络上的,所以要设定模块在网络中的地址。X5 接口的 6～12 端子的跳线用于决定模块的地址,地址可用范围为 10～63。如果想要获得模块地址 10,可将第 8 脚和第 10 脚的跳线剪去,如图 3-6 所示,2＋8＝10,就可以获得模块地址 10。

X6 接口端子说明见表 3-8,其模拟输出范围为 0～＋10 V。

表 3-8　X6 接口端子说明

X6 端子编号	使用定义	地 址 分 配
1	未使用	
2	未使用	
3	未使用	
4	0 V	
5	模拟输出 ao1	0～15
6	模拟输出 ao2	16～31

2. DSQC652 板

DSQC652 板主要进行 16 个数字输入信号和 16 个数字输出信号的处理。

1) 模块接口

DSQC652 板的模块接口如图 3-7 所示,相应的模块接口说明见表 3-9。

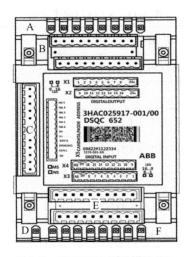

图 3-7　DSQC652 板的模块接口

表 3-9　DSQC652 板模块接口说明

标　号	说　明
A	数字输出信号指示灯
B	X1,X2:数字输出接口
C	X5:DeviceNet 接口
D	模块状态指示灯
E	X3,X4:数字输入接口
F	数字输入信号指示灯

2) 模块接口的连接

X1 接口端子说明见表 3-10,X2 接口端子说明见表 3-11。

表 3-10　X1 接口端子说明

X1 端子编号	使用定义	地 址 分 配
1	OUTPUT CH1	0
2	OUTPUT CH2	1
3	OUTPUT CH3	2
4	OUTPUT CH4	3
5	OUTPUT CH5	4
6	OUTPUT CH6	5
7	OUTPUT CH7	6
8	OUTPUT CH8	7
9	0 V	—
10	24 V	—

表 3-11　X2 接口端子说明

X2 端子编号	使 用 定 义	地 址 分 配
1	OUTPUT CH9	8
2	OUTPUT CH10	9
3	OUTPUT CH11	10
4	OUTPUT CH12	11
5	OUTPUT CH13	12
6	OUTPUT CH14	13
7	OUTPUT CH15	14
8	OUTPUT CH16	15
9	0 V	—
10	24 V	—

X3、X5 接口端子同 DSQC651 板，X4 接口端子说明见表 3-12。

表 3-12　X4 接口端子说明

X4 端子编号	使 用 定 义	地 址 分 配
1	INPUT CH9	8
2	INPUT CH10	9
3	INPUT CH11	10
4	INPUT CH12	11
5	INPUT CH13	12
6	INPUT CH14	13
7	INPUT CH15	14
8	INPUT CH16	15
9	0 V	—
10	24 V	—

3. DSQC653 板

DSQC653 板主要进行 8 个数字输入信号和 8 个数字继电器输出信号的处理。

1）模块接口

DSQC653 板的模块接口如图 3-8 所示，相应的模块接口说明见表 3-13。

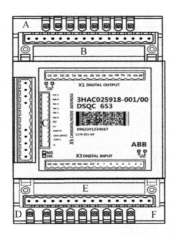

图 3-8 DSQC653 板的模块接口

表 3-13 DSQC653 板模块接口说明

标 号	说 明
A	数字继电器输出信号指示灯
B	X1:数字继电器输出信号接口
C	X5:DeviceNet 接口
D	模块状态指示灯
E	X3:数字输入信号接口
F	数字输入信号指示灯

2）模块接口的连接

X1 接口端子说明见表 3-14,X3 接口端子说明见表 3-15,X5 接口端子同 DSQC651 板。

表 3-14 X1 接口端子说明

X1 端子编号	使用定义	地址分配
1	OUTPUT CH1A	0
2	OUTPUT CH1B	
3	OUTPUT CH2A	1
4	OUTPUT CH2B	
5	OUTPUT CH3A	2
6	OUTPUT CH3B	
7	OUTPUT CH4A	3
8	OUTPUT CH4B	
9	OUTPUT CH5A	4
10	OUTPUT CH5B	
11	OUTPUT CH6A	5
12	OUTPUT CH6B	
13	OUTPUT CH7A	6
14	OUTPUT CH7B	
15	OUTPUT CII8A	7

表 3-15　X3 接口端子说明

X3 端子编号	使 用 定 义	地 址 分 配
1	INPUT CH1	0
2	INPUT CH2	1
3	INPUT CH3	2
4	INPUT CH4	3
5	INPUT CH5	4
6	INPUT CH6	5
7	INPUT CH7	6
8	INPUT CH8	7
9	0 V	—
10～16	未使用	—

4. DSQC355A 板

DSQC355A 板主要进行 4 个模拟输入信号和 4 个模拟输出信号的处理。

1）模块接口

DSQC355A 板的模块接口如图 3-9 所示，相应的模块接口说明见表 3-16。

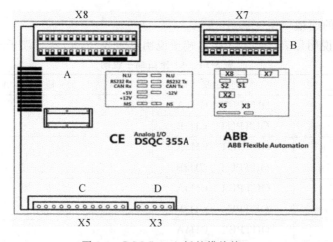

图 3-9　DSQC355A 板的模块接口

表 3-16　DSQC355A 板模块接口说明

标　号	说　　　明
A	X8：模拟输入接口
B	X7：模拟输出接口
C	X5：DeviceNet 接口
D	X3：供电电源接口

2) 模块接口的连接

X3 接口端子说明见表 3-17,X5 接口端子同 DSQC651,X7 接口端子说明见表 3-18,X8 接口端子说明见表 3-19。

表 3-17　X3 接口端子说明

X3 端子编号	使 用 定 义
1	0 V
2	未使用
3	接地
4	未使用
5	+24 V

表 3-18　X7 接口端子说明

X7 端子编号	使 用 定 义	地 址 分 配
1	模拟输出_1,−10 V/+10 V	0～15
2	模拟输出_2,−10 V/+10 V	16～31
3	模拟输出_3,−10 V/+10V	32～47
4	模拟输出_4,4～20 mA	48～63
5～18	未使用	
19	模拟输出_1,0 V	
20	模拟输出_2,0 V	
21	模拟输出_3,0 V	
22	模拟输出_4,0 V	
23～24	未使用	

表 3-19　X8 接口端子说明

X8 端子编号	使 用 定 义	地 址 分 配
1	模拟输入_1,−10 V/+10 V	0～15
2	模拟输入_2,−10 V/+10 V	16～31
3	模拟输入_3,−10 V/+10V	32～47
4	模拟输入_4,4～20 mA	48～63
5～16	未使用	
17～24	+24 V	
25	模拟输入_1,0 V	
26	模拟输入_2,0 V	
27	模拟输入_3,0 V	
28	模拟输入_4,0 V	
29～32	0 V	

5. DSQC377A 板

DSQC377A 板主要进行机器人输送链跟踪功能所需的编码器与同步开关信号的处理。

1）模块接口

DSQC377A 板的模块接口如图 3-10 所示，相应的模块接口说明见表 3-20。

图 3-10　DSQC377A 板的模块接口

表 3-20　DSQC377A 板模块接口说明

标　号	说　　明
A	X20：编码器与同步开关的接口
B	X5：DeviceNet 接口
C	X3：供电电源接口

2）模块接口的连接

X3 接口端子同 DSQC355A，X5 接口端子同 DSQC651，X20 接口端子说明见表 3-21。

表 3-21　X20 接口端子说明

X20 端子编号	使用定义
1	24 V
2	0 V
3	编码器 1,24 V
4	编码器 1,0 V
5	编码器 1,A 相
6	编码器 1,B 相
7	数字输入信号 1,24 V
8	数字输入信号 1,0 V
9	数字输入信号 1,信号
10～16	未使用

<h1>任务 3 I/O 信号的定义</h1>

ABB 标准 I/O 板中 DSQC651 板是最常用的。下面以创建数字输入信号 di、数字输出信号 do、组输入信号 gi、组输出信号 go 和模拟输出信号 ao 为例进行详细介绍。

1. 定义 DSQC651 板的总线连接

ABB 标准 I/O 板都是下挂在 DeviceNet 现场总线上的设备,通过 X5 接口端子与 DeviceNet 现场总线进行通信。

DSQC651 板总线连接的相关参数说明见表 3-22。

表 3-22 DSQC651 板总线连接的相关参数说明

参数名称	设定值	说　明
Name	board10	设定 I/O 板在系统中的名字,10 代表 I/O 板在 DeviceNet 总线上的地址是 10,方便在系统中识别
Type of Unit	d651	设定 I/O 板的类型
Connected to Bus	DeviceNet	设定 I/O 板连接的总线(系统默认值)
DeviceNet Address	10	设定 I/O 板在总线中的地址表

在系统中定义 DSQC651 板的具体操作步骤如图 3-11(a)～(j)所示。

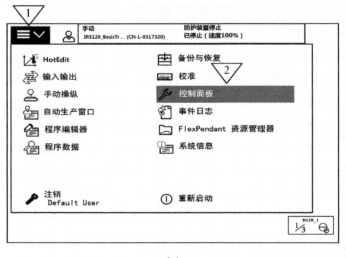

(1)单击左上角主菜单按钮。

(2)选择"控制面板"。

(a)

图 3-11 定义 DSQC651 板的操作步骤

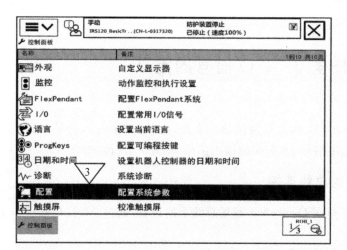

(3) 选择"配置"。

(b)

(4) 双击"DeviceNet Device"。

(c)

(5) 单击"添加"按钮。

(d)

续图 3-11

(e)

(6) 单击"使用来自模板的值"对应的下拉箭头。

(7) 选择"DSQC 651 Combi I/O Device"。

(8) 双击"Name"进行DSQC651板在系统中名字的设定(如果不修改，则名字默认为"d651")。

(f)

(9) 在系统中将DSQC651板的名字设定为"board10"(10代表此模块在DeviceNet总线中的地址，方便识别)，然后单击"确定"按钮。

(g)

续图 3-11

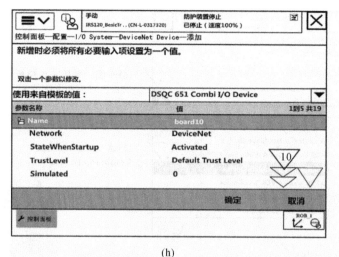

(h)

(10) 单击向下翻页箭头。

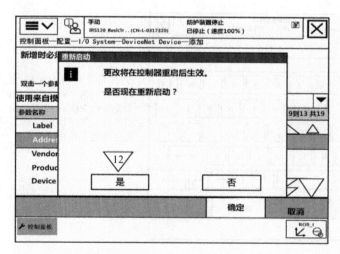

(i)

(11) 将"Address"设定为10,然后单击"确定"按钮。

(12) 单击"是"按钮,这样DSQC651板的定义就完成了。

(j)

续图 3-11

2. 定义数字输入信号 di1

数字输入信号 di1 的相关参数见表 3-23。

表 3-23　数字输入信号 di1 的相关参数

参数名称	设定值	说　明
Name	di1	设定数字输入信号的名字
Type of Signal	Digital Input	设定信号的类型
Assigned to Device	board10	设定信号所在的 I/O 模块
Device Mapping	0	设定信号占用的地址

定义数字输入信号 di1 的操作步骤如图 3-12(a)～(l)所示。

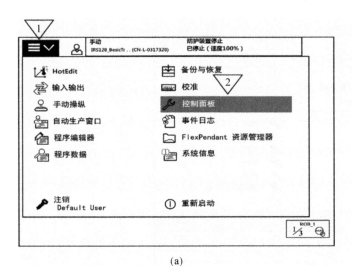

(1) 单击左上角主菜单按钮。

(2) 选择"控制面板"。

(a)

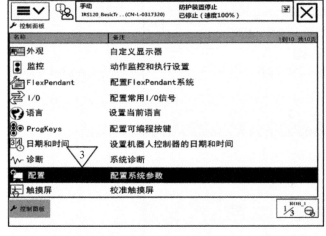

(3) 选择"配置"。

(b)

图 3-12　定义数字输入信号 di1 的操作步骤

(c)

(4) 双击 "Signal"。

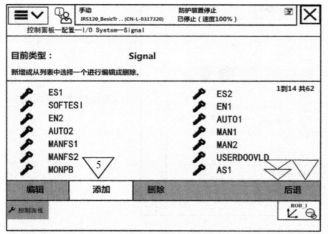

(d)

(5) 单击 "添加" 按钮。

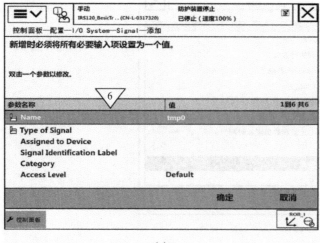

(e)

续图 3-12

(6) 双击 "Name"。

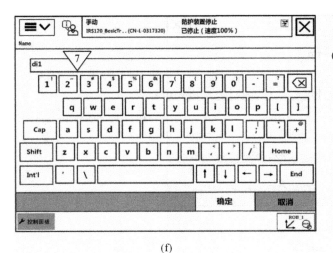

(f)

(7) 输入 "di1"，然后单击 "确定" 按钮。

(g)

(8) 双击 "Type of Signal" (信号类型)，选择 "Digital Input" (数字量输入)。

(9) 双击 "Assigned to Device" (分配到设备)，选择 "board10"。

(h)

续图 3-12

(10) 双击 "Device Mapping" (设备映射)。

(i)

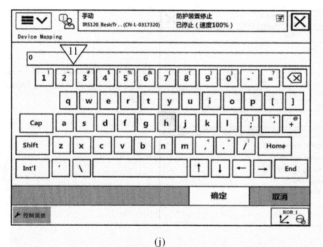

(11) 输入 "0"，然后单击 "确定" 按钮。

(j)

控制面板—配置—I/O System—Signal—di1

名称：　　　　di1

双击一个参数以修改。

参数名称	值	1到6 共11
Name	di1	
Type of Signal	Digital Input	
Assigned to Device	board10	
Signal Identification Label		
Device Mapping	0	
Category		

确定　　取消

(12) 单击 "确定" 按钮。

(k)

续图 3-12

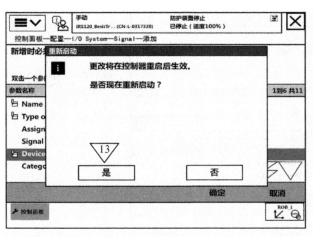

(13) 单击"是"按钮，完成设定。

(l)

续图 3-12

3. 定义数字输出信号 do1

数字输出信号 do1 的相关参数见表 3-24。

表 3-24　数字输出信号 do1 的相关参数

参数名称	设定值	说　明
Name	do1	设定数字输出信号的名字
Type of Signal	Digital Output	设定信号的类型
Assigned to Device	board10	设定信号所在的 I/O 模块
Device Mapping	32	设定信号占用的地址

定义数字输出信号 do1 的操作步骤如图 3-13(a)～(g)所示，其中前 6 步同信号 di1 设置的操作步骤，可参考图 3-12(a)～(e)，此处从略。

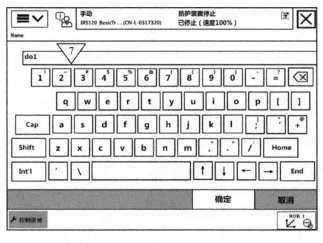

(7) 输入"do1"，然后单击"确定"按钮。

(a)

图 3-13　定义数字输出信号 do1 的操作步骤

(8) 双击"Type of Signal"（信号类型），选择"Digital Output"（数字量输出）。

(b)

(9) 双击"Assigned to Device"（分配到设备），选择"board10"。

(c)

(10) 双击"Device Mapping"（设备映射）。

(d)

续图 3-13

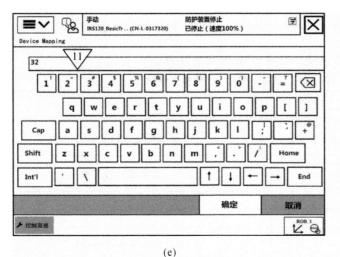

(11) 输入 "32", 然后单击 "确定" 按钮。

(e)

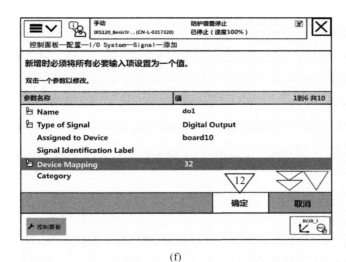

(12) 单击 "确定" 按钮。

(f)

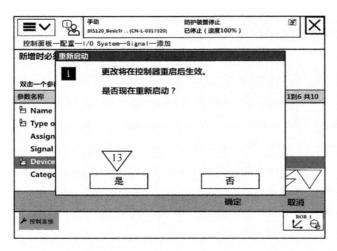

(13) 单击 "是" 按钮, 完成设定。

(g)

续图 3-13

4. 定义组输入信号 gi1

组输入信号 gi1 的相关参数及状态见表 3-25 和表 3-26。

表 3-25　组输入信号 gi1 的相关参数

参数名称	设定值	说　　明
Name	gi1	设定组输入信号的名字
Type of Signal	Group Input	设定信号的类型
Assigned to Device	board10	设定信号所在的 I/O 模块
Device Mapping	1~4	设定信号占用的地址

表 3-26　组输入信号 gi1 的状态

状　态	地址 1	地址 2	地址 3	地址 4	十进制数
	1	2	4	8	
状态 1	0	1	0	1	2+8=10
状态 2	1	0	1	1	1+4+8=13

　　组输入信号就是将几个数字信号组合起来使用,用于接收外围设备输入的 BCD 编码的十进制数。

　　此处,gi1 占用地址 1~4 共四位,可以代表十进制数 0~15,以此类推,如果占用 5 位地址,则可以代表十进制数 0~31.

　　定义组输入信号 gi1 的操作步骤如图 3-14(a)~(g)所示,其中前 6 步同信号 di1 设置的操作步骤,可参考图 3-12(a)~(e),此处从略。

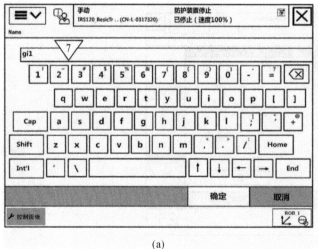

(7) 输入 "gi1",然后单击 "确定" 按钮。

(a)

图 3-14　定义组输入信号 gi1 的操作步骤

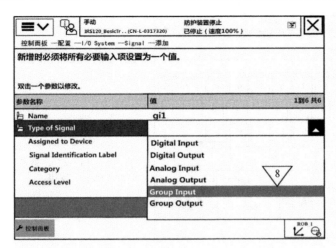

(8) 双击"Type of Signal"(信号类型)，选择"Group Input"(组输入)。

(b)

(9) 双击"Assigned to Device"(分配到设备)，选择"board10"。

(c)

(10) 双击"Device Mapping"(设备映射)。

(d)

续图 3-14

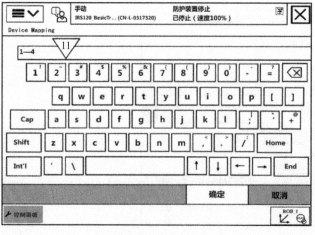

(11) 输入 "1—4", 然后单击 "确定" 按钮。

(e)

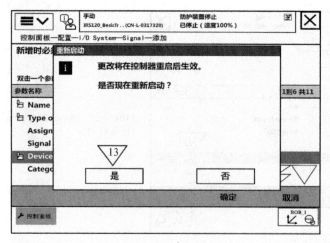

(12) 单击 "确定" 按钮。

(f)

(13) 单击 "是" 按钮, 完成设定。

(g)

续图 3-14

5. 定义组输出信号 go1

组输出信号 go1 的相关参数及状态见表 3-27 及表 3-28。

表 3-27　组输出信号 go1 的相关参数

参数名称	设定值	说　　明
Name	go1	设定组输出信号的名字
Type of Signal	Group Output	设定信号的类型
Assigned to Device	board10	设定信号所在的 I/O 模块
Device Mapping	33～36	设定信号占用的地址

表 3-28　组输出信号 go1 的状态

状　态	地址 33	地址 34	地址 35	地址 36	十进制数
	1	2	4	8	
状态 1	0	1	0	1	2＋8＝10
状态 2	1	0	1	1	1＋4＋8＝13

　　组输出信号就是将几个数字输出信号组合起来使用,用于输出 BCD 编码的十进制数。

　　此处,go1 占用地址 33～36 共 4 位,可以代表十进制数 0～15,以此类推,如果占用 5 位地址,则可以代表十进制数 0～31。

　　定义组输出信号 go1 的操作步骤如图 3-15(a)～(g)所示,其中前 6 步同信号 di1 设置的操作步骤,可参考图 3-12(a)～(e),此处从略。

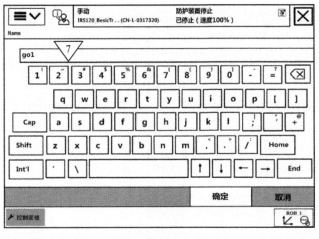

(7) 输入"go1",然后单击"确定"按钮。

(a)

图 3-15　定义组输出信号 go1 的操作步骤

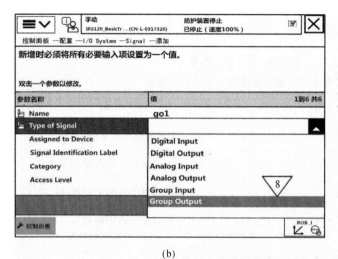

(b)

(8) 双击"Type of Signal"(信号类型)，选择"Group Output"(组输出)。

(c)

(9) 双击"Assigned to Device"(分配到设备)，选择"board10"。

(10) 双击"Device Mapping"(设备映射)。

(d)

续图 3-15

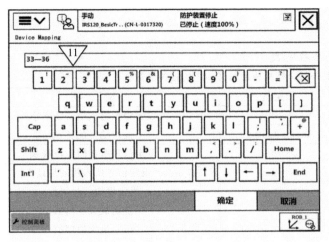

(11) 输入 "33—36"，然后
单击 "确定" 按钮。

(e)

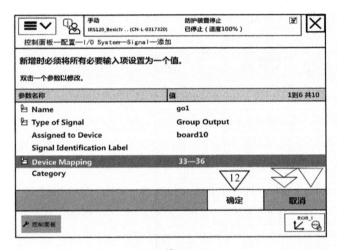

(12) 单击 "确定" 按钮。

(f)

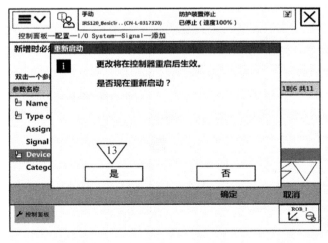

(13) 单击 "是" 按钮，
完成设定。

(g)

续图 3-15

6. 定义模拟输出信号 ao1

模拟输出信号 ao1 的相关参数见表 3-29。

表 3-29 模拟输出信号 ao1 的相关参数

参数名称	设定值	说　　明
Name	ao1	设定模拟输出信号的名字
Type of Signal	Analog Output	设定信号的类型
Assigned to Device	board10	设定信号所在的 I/O 模块
Device Mapping	0～15	设定信号所占用的地址
Analog Encoding Type	Unsigned	设定模拟信号属性
Maximum Logical Value	10	设定最大逻辑值
Maximum Physical Value	10	设定最大物理值
Maximum Bit Value	65535	设定最大位值

定义模拟输出信号 ao1 的操作步骤如图 3-16(a)～(m)所示，其中前 6 步同信号 di1 设置的操作步骤，可参考图 3-12(a)～(e)，此处从略。

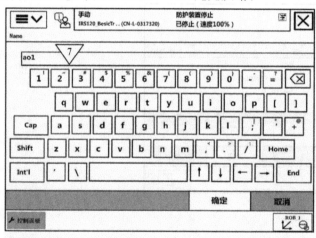

(7) 输入 "ao1"，然后单击 "确定" 按钮。

(a)

(8) 双击 "Type of Signal"(信号类型)，选择 "Analog Output"(模拟量输出)。

(b)

图 3-16 定义模拟输出信号 ao1 的操作步骤

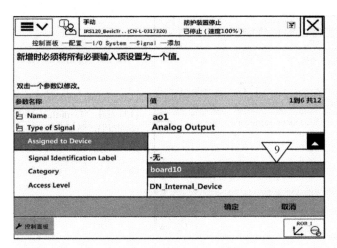

（9）双击 "Assigned to Device"（分配到设备），选择 "board10"。

（c）

（10）双击 "Device Mapping"（设备映射）。

（d）

（11）输入 "0~15"，然后单击 "确定" 按钮。

（e）

续图 3-16

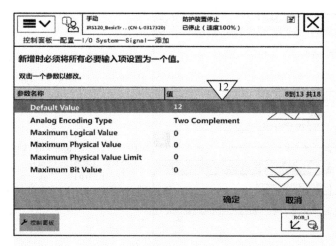

(12) 双击 "Default Value"
(缺省值)，然后输入 "12"。

(f)

(13) 双击 " Analog Encoding
Type"(模拟编码类型)，然后
选择 "Unsigned"(无符号)。

(g)

(14) 双击 "Maximum Logical
 Value"(最大逻辑值)，然后
输入 "40.2"。

(h)

续图 3-16

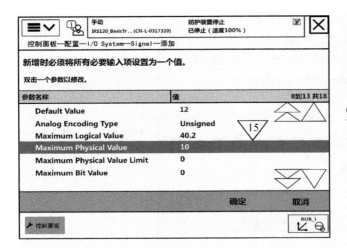

(i)

(15) 双击"Maximum Physical Value"(最大物理量),然后输入"10"。

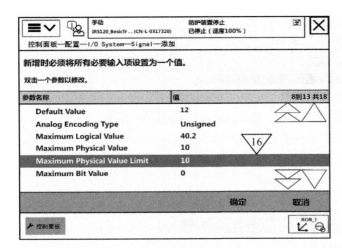

(j)

(16) 双击"Maximum Physical Value Limit",然后输入"10"。

(k)

(17) 双击"Maximum Bit Value",然后输入"65535"。

续图 3-16

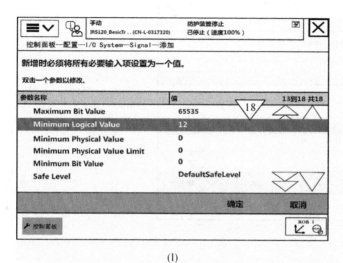

(18) 双击"Minimum Logical Value"，然后输入"12"。

(l)

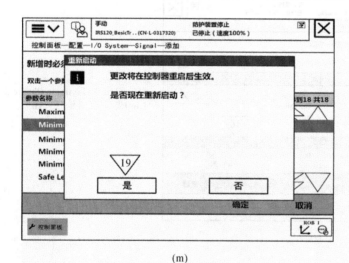

(19) 单击"是"按钮，完成设定。

(m)

续图 3-16

任务 4 I/O 信号的监控与操作

1. 打开"输入输出"界面

打开"输入输出"界面的步骤如图 3-17(a)～(d)所示。

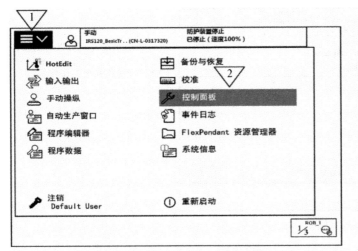

(a)

(1) 单击左上角主菜单按钮。

(2) 选择"控制面板"。

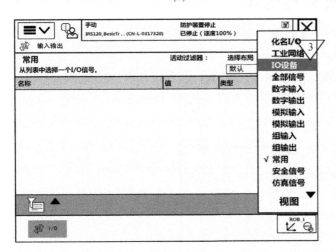

(b)

(3) 单击右下角"视图"菜单，选择"IO 设备"。

(4) 选择"board10"。

(5) 单击"信号"按钮。

(c)

图 3-17　打开"输入输出"界面的步骤

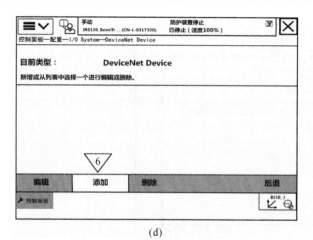

(d)

续图 3-17

(6) 在这个画面，可以看到在任务3中定义的信号。接着就可对信号进行监控、仿真和强制的操作。

2. 对 I/O 信号进行仿真和强制操作

在机器人调试和检修时，可对 I/O 信号的状态或数值进行仿真和强制操作。

1) 对 di1 进行仿真操作

对 di1 进行仿真操作的步骤如图 3-18(a)～(c)所示。

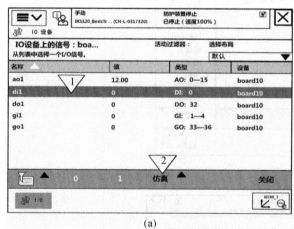

(1) 选中"di1"。

(2) 单击"仿真"。

(a)

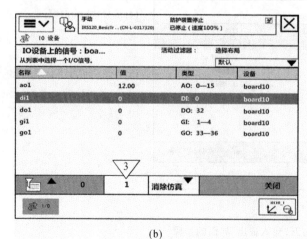

(3) 单击"1"，将di1的状态仿真为"1"。

(b)

图 3-18　对 di1 进行仿真操作的步骤

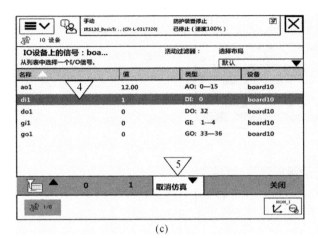

(c)

(4) di1 已被仿真为 "1"。

(5) 仿真结束后，单击 "取消仿真"。

续图 3-18

2）对 do1 进行强制操作

对 do1 进行强制操作的步骤如图 3-19 所示。

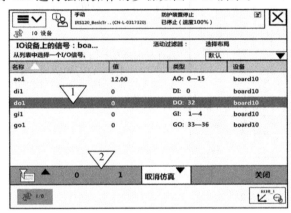

(1) 选中 "do1"。

(2) 通过单击 "0" 或 "1"，对 do1 的状态进行强制。

图 3-19　对 do1 进行强制操作的步骤

3）对 gi1 进行仿真操作

对 gi1 进行仿真操作的步骤如图 3-20(a)～(c) 所示。

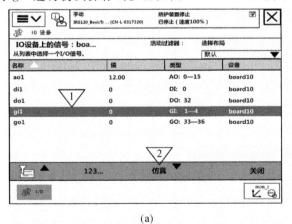

(1) 选中 "gi1"。

(2) 单击 "仿真"。

(a)

图 3-20　对 gi1 进行仿真操作的步骤

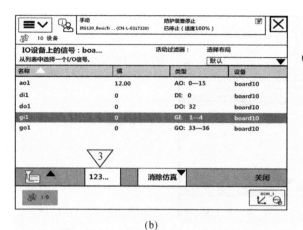

(3) 单击 "123..."。

(4) 输入需要的数值，然后单击 "确定" 按钮。

(gi1占用地址1~4共4位，可以代表十进制数0~15。如此类推，如果占用地址5位，则可以代表十进制数0~31。)

(c)

续图 3-20

4）对 go1 进行强制操作

对 go1 进行强制操作的步骤如图 3-21(a)～(c)所示。

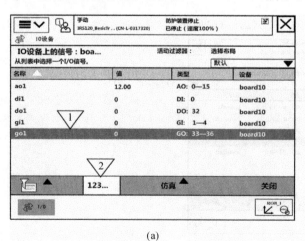

(1) 选中 "go1"。

(2) 单击 "123..."。

(a)

图 3-21 对 go1 进行强制操作的步骤

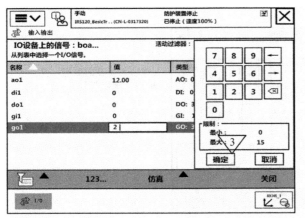

(3) 输入需要的数值，然后单击"确定"按钮。

(b)

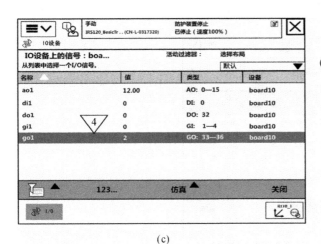

(4) 画面中为 go1 的强制输出值。

(c)

续图 3-21

5）对 ao1 进行强制操作

对 ao1 进行强制操作的步骤如图 3-22(a)～(c)所示。

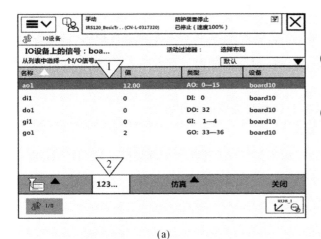

(1) 选中"ao1"。

(2) 单击"123…"。

(a)

图 3-22　对 ao1 进行强制操作的步骤

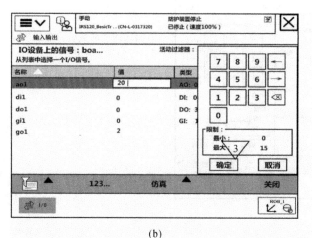

(3) 输入需要的数值，然后单击"确定"按钮。

(b)

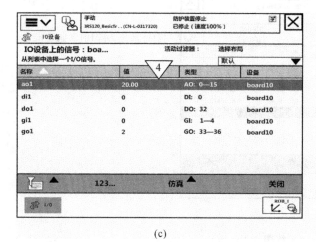

(4) 画面中为ao1的强制输出值。

(c)

续图 3-22

3. 系统输入/输出与 I/O 信号的关联

将数字输入信号与系统的控制信号关联起来，就可以对系统进行控制（例如电动机的开启、程序启动等）。系统的状态信号也可以与数字输出信号关联起来，将系统的状态输出给外围设备，以作为控制之用。

下面介绍建立系统输入、输出与 I/O 信号关联的操作方法。

1）建立"电机开启"与 di1 的关联

建立系统输入"电机开启"与数字输入信号 di1 关联的步骤如图 3-23（a）～（i）所示。

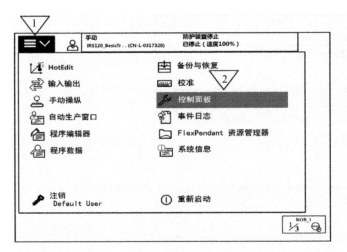

(1) 单击左上角主菜单按钮。

(2) 选择"控制面板"。

(a)

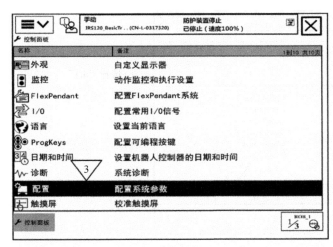

(3) 选择"配置"。

(b)

(4) 双击"System Input"。

(c)

图 3-23　建立"电机开启"与 di1 关联的步骤

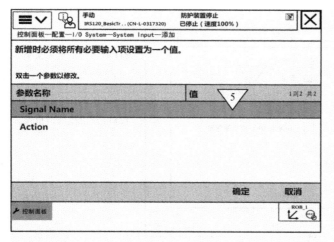

(5) 双击"Signal Name"。

(6) 选择"di1"。

(7) 单击"确定"按钮。

(8) 双击"Action"。

(d)

(e)

(f)

续图 3-23

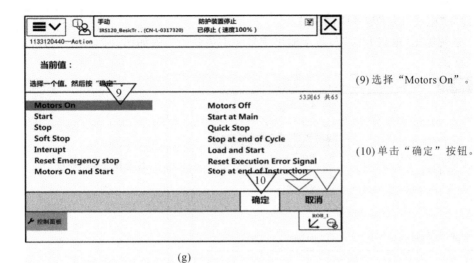

(9) 选择"Motors On"。

(10) 单击"确定"按钮。

(g)

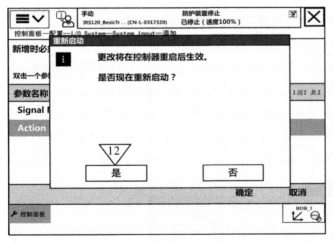

(11) 单击"确定"按钮。

(h)

(12) 单击"是"按钮，
完成设定。

(i)

续图 3-23

2）建立"电机开启"与 do1 的关联

建立系统输出"电机开启"与数字输出信号 do1 关联的步骤如图 3-24(a)～(j)所示。

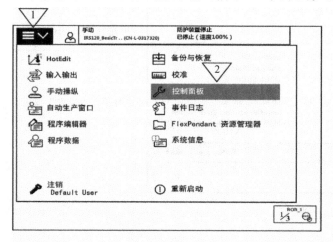

(1) 单击左上角主菜单按钮。

(2) 选择"控制面板"。

(a)

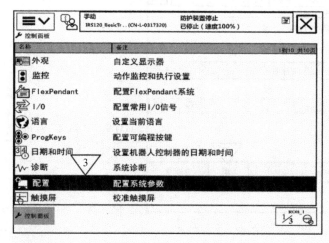

(3) 选择"配置"。

(b)

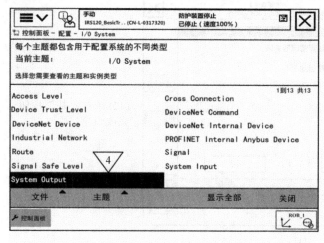

(4) 双击"System Output"。

(c)

图 3-24　建立"电机开启"与 do1 关联的步骤

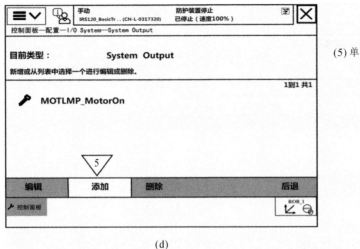

(5) 单击"添加"按钮。

(d)

(6) 双击"Signal Name"。

(e)

(7) 选择"do1"。

(8) 单击"确定"按钮。

(f)

续图 3-24

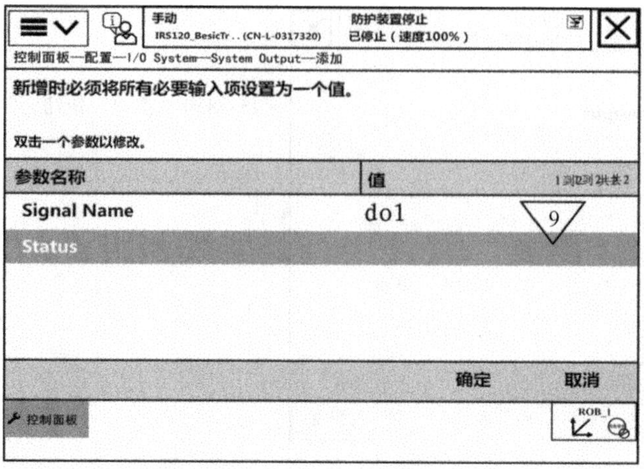

(9) 双击"Status"。

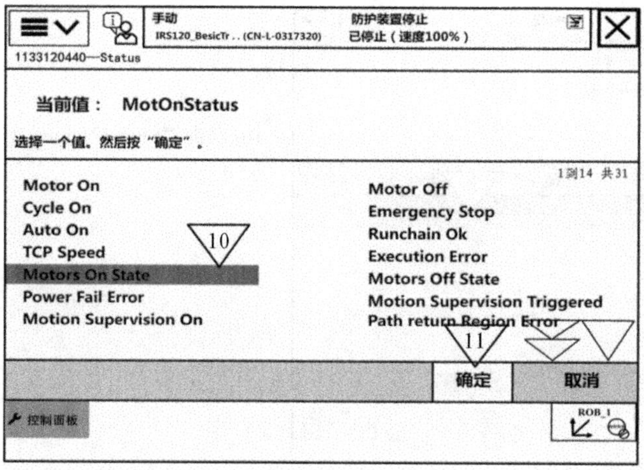

(g)

(10) 选择"Motors On State"。

(11) 单击"确定"按钮。

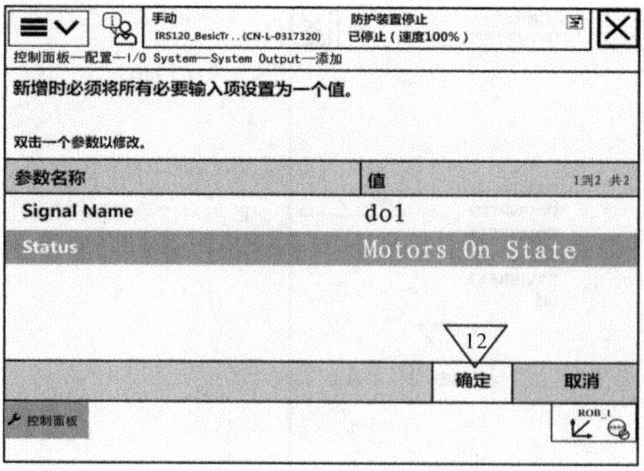

(h)

(12) 单击"确定"按钮。

(i)

续图 3-24

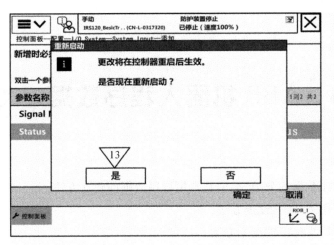

(13) 单击"是"按钮，
完成设定。

(j)

续图 3-24

思考与实训

1. 如何确定信号板在工业机器人系统中的地址？

2. 如何关联工业机器人的系统输入输出？

3. 试定义 di1、di2 的数字输入信号，定义 do1、gi1、go1、ao1 等信号。

4. 尝试配置一个与 STOP 关联的系统输入信号。

项目 4　ABB 机器人程序数据

学习目标

(1) 了解工业机器人程序数据的分类、类型及常用程序数据的建立方法；

(2) 掌握工业机器人常用的 TCP 设定方法；

(3) 掌握工业机器人工件坐标系的设定方法；

(4) 了解工业机器人有效载荷的设定方法。

知识要点

(1) 数据的分类、类型及常用的程序数据；

(2) 机器人工具坐标系的定义及常用的 TCP 设定方法；

(3) 机器人工件坐标系的定义及工件坐标系的设定方法；

(4) 机器人有效载荷的设定方法。

训练项目

(1) 进行常用程序数据的建立；

(2) 用"TCP＋X、Z 法"进行工具坐标数据 tooldata 的设定；

(3) 进行工件坐标数据 wobjdata 的设定；

(4) 工业机器人有效载荷 loaddata 的设置。

任务 1　认识程序数据

1. 程序数据的类型

ABB 工业机器人的程序数据共有 76 个，且可以根据实际的一些情况进行程序数据的创建，这为 ABB 机器人的程序编辑和设计提供了较好的延伸性和扩展性。用户可以通过示教器中的程序数据窗口查看所需要的程序数据类型。

单击主菜单按钮，在弹出的主菜单界面中，点击"程序数据"选项，示教器界面就会显示全部的程序数据类型，如图 4-1 所示。用户可以根据实际的使用需要，从列表中选择一个数据类型。

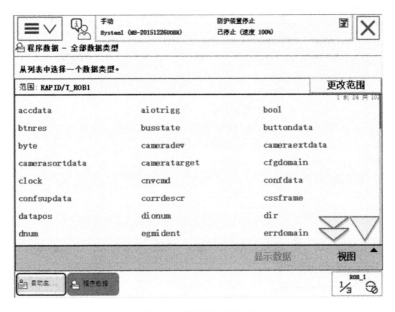

图 4-1　程序数据界面

2. 程序数据的存储类型

在实际的工程应用过程中,有一些常用的数据类型,下面对这些常用的数据类型进行详细的介绍,为后面的程序编辑与调试打好基础。

1) 变量 VAR

VAR 表示程序数据的存储类型为变量,变量型程序数据在程序执行的过程中和停止时,会保持当前的值。但如果程序指针被移到主程序,数值就会丢失。

示例:

VAR num width:=0;表示名称为 width 的数字数据

VAR string name:="Jack";表示名称为 name 的字符数据

VAR bool started:=TRUE;表示名称为 started 的布尔量数据

上述三条语句分别定义了数字数据、字符数据和布尔量数据。在定义时,可以定义变量型数据的初始值,如示例中 width 的初始值为 0,name 的初始值为 Jack,started 的初始值为 TRUE。用户在示教器上进行以上数据定义后,程序编辑窗口显示如图 4-2 所示。

在机器人执行 RAPID 程序过程中,也可以对变量存储类型的程序数据进行赋值操作,如图 4-3 所示。

上述赋值操作将名称为 width 的数字数据重新赋值为 5,将名称为 name 的字符数据重新赋值为 Peter,将名称为 started 的布尔量数据重新赋值为 FALSE。但需要指出的是,在程序执行变量型程序数据赋值时,指针复位后将恢复为数据的初始值。

2) 可变量 PERS

PERS 表示程序数据的存储类型为可变量。与变量型程序数据不同,PERS 可变量型程序数据的最大特点是,无论程序的指针如何改变位置,可变量型程序数据都会保持其最后被赋予的值。

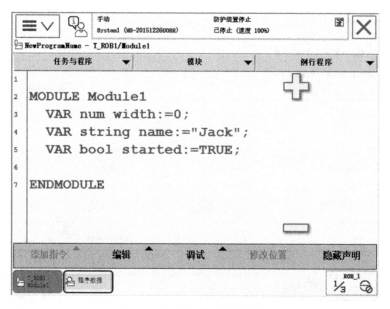

图 4-2　定义变量型程序数据

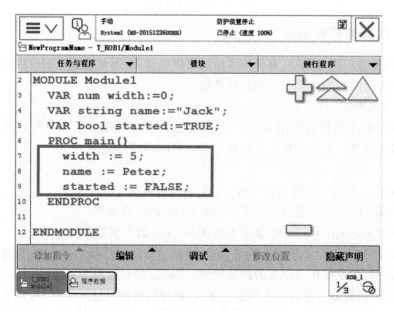

图 4-3　对变量型程序数据进行赋值

示例：

PERS num len：=10；表示名称为 len 的数字数据

PERS string text：="Great"；表示名称为 text 的字符数据

用户在示教器上进行程序数据定义后，程序编辑窗口显示如图 4-4 所示。

在机器人执行 RAPID 程序时也可以对可变量存储类型的程序数据进行赋值操作。如图 4-5 所示，在程序中对名称为 len 的数字数据赋值为 15，对名称为 text 的字符数据赋值为 Welcome，但是在程序执行以后，无论程序指针的位置如何，赋值的结果都会一直保持，直到用户对数据进行重新赋值，才会改变原来的值。

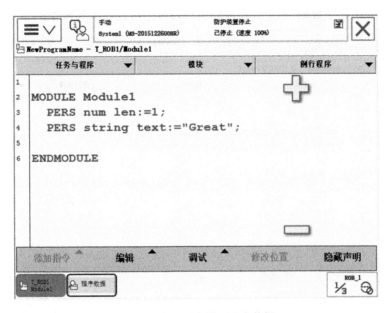

图 4-4　定义可变量型程序数据

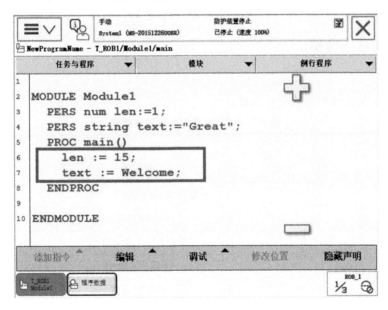

图 4-5　对可变量型程序数据进行赋值

3）常量 CONST

CONST 表示程序数据的存储类型为常量。在 RAPID 程序中还有一种常用的程序数据类型，即常量型程序数据，常量型程序数据的特点是数据在定义的时候已经被赋予了数值，并且不能在程序执行过程中进行数据的修改，除非手动进行修改，否则数据会一直保持不变。

示例：

CONST num quantity：=15.2；表示名称为 quantity 的数字数据

CONST string animal：="Tiger"；表示名称为 animal 的字符数据

在 RAPID 程序中定义了常量后，程序编辑窗口显示如图 4-6 所示。但需要注意的是，存储类型为常量的程序数据,不允许在程序执行过程中再进行赋值操作。

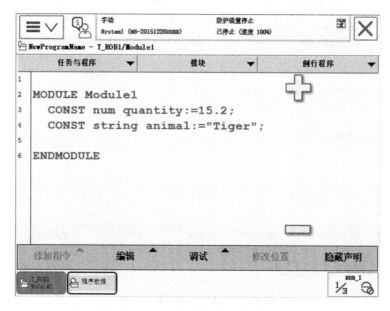

图 4-6   定义常量型程序数据

3. 常用的程序数据

ABB 工业机器人在实际应用过程中,可根据不同的数据用途定义不同的程序数据,表4-1 所示为机器人系统常用的程序数据。

表 4-1   ABB 机器人常用程序数据

程序数据	说　　明
bool	布尔量
byte	整数数据(范围:0~255)
clock	计时数据
dionum	数字输入/输出信号
extjoint	外轴位置数据
intnum	中断标志符
jointtarget	关节位置数据
loaddata	负荷数据
mecunit	机械装置数据
num	数字数据
orient	姿态数据
pos	位置数据(只有 X、Y、Z)
pose	坐标转换
robjoint	机器人轴角度数据

续表

程序数据	说　　明
speedata	机器人与外轴速度数据
string	字符串数据
tooldata	工具数据
trapdata	中断数据
wobjdata	工件数据
zonedata	TCP 转弯半径数据

任务 2　建立程序数据操作

下面通过建立程序数据的布尔数据类型和数字数据类型，来介绍 ABB 工业机器人建立程序数据的基本方法及详细的操作步骤。

1. 建立 bool 程序数据

建立布尔(bool)程序数据的操作步骤如下。

(1) 在示教器的主界面上，单击"程序数据"选项。

(2) 在出现的图 4-7 所示的界面中，显示的是已经使用的数据类型。如果用户需要查看全部的数据类型，可以单击右下角的"视图"选项，将全部数据类型勾选上，就可以看见图 4-1 所示的界面，这时系统的全部程序数据类型都被显示出来。

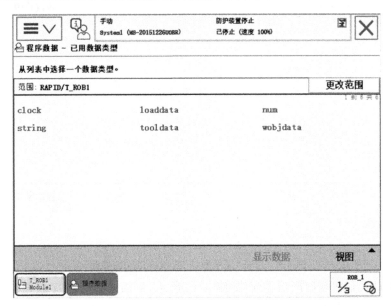

图 4-7　已用的数据类型

（3）在列表中选择需要的数据类型，这里选择"bool"数据类型，如图 4-8 所示。

图 4-8　选择"bool"数据类型

（4）单击界面右下方的"显示数据"选项，出现图 4-9 所示的界面，单击下方的"新建..."，用户可以进行数据的编辑。

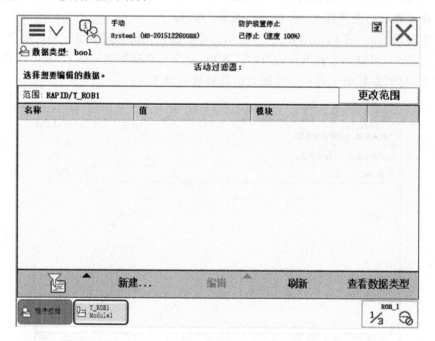

图 4-9　单击"显示数据"选项后得到的界面

（5）系统进入新建数据声明界面，如图 4-10 所示，界面中可对程序数据类型的名称、范围、存储类型、任务、模块、例行程序、维数及数据的初始值进行设定。数据设定的参数说明可查看表 4-2。

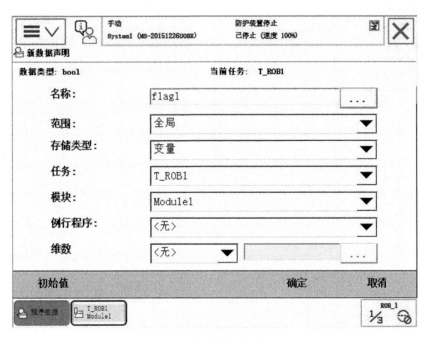

图 4-10　新建数据声明界面

表 4-2　程序数据设定参数说明

数据设定参数	说　　明
名称	设定程序数据的名称
范围	设定数据可使用的范围,包括全局、本地和任务三个选项。全局表示数据可以应用在所有模块中,本地表示数据只可以应用于所在的模块中,任务则表示数据只能应用于所在的任务中
存储类型	设定数据的可存储类型,包括变量、可变量和常量
任务	设定数据所在的任务
模块	设定数据所在的模块
例行程序	设定数据所在的例行程序
维数	设定数据的维数。数据的维数一般是指数据不相干的几种特性
初始值	设定数据的初始值。数据的类型不同,初始值可以不同,用户可根据实际使用的需要设定合适的初始值

　　(6) 单击名称后面的"..."按钮,出现图 4-11 所示键盘,输入所需要的名称。在这里设定名称为"started",单击"确定"按钮。

　　(7) 将范围设为全局,存储类型设为变量,任务和模块如图 4-12 所示。

　　(8) 单击界面左下方的"初始值"选项,出现图 4-13 所示界面,布尔(bool)程序数据的初始值有"TRUE"和"FALSE"两种,用户可以根据实际使用需要选择初始值,如在界面中将初始值设定为"FALSE",然后单击"确定"按钮。

　　(9) 返回程序数据声明界面,然后单击"确定"按钮,至此,完成了布尔(bool)程序数据的建立操作,如图 4-14 所示。

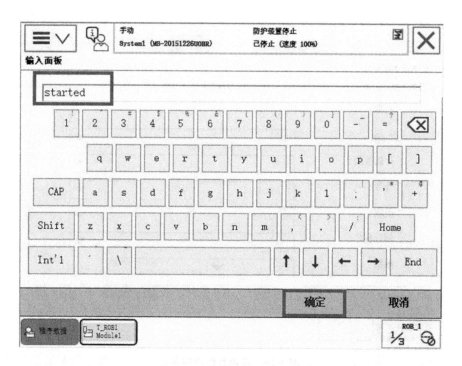

图 4-11　设定数据名称

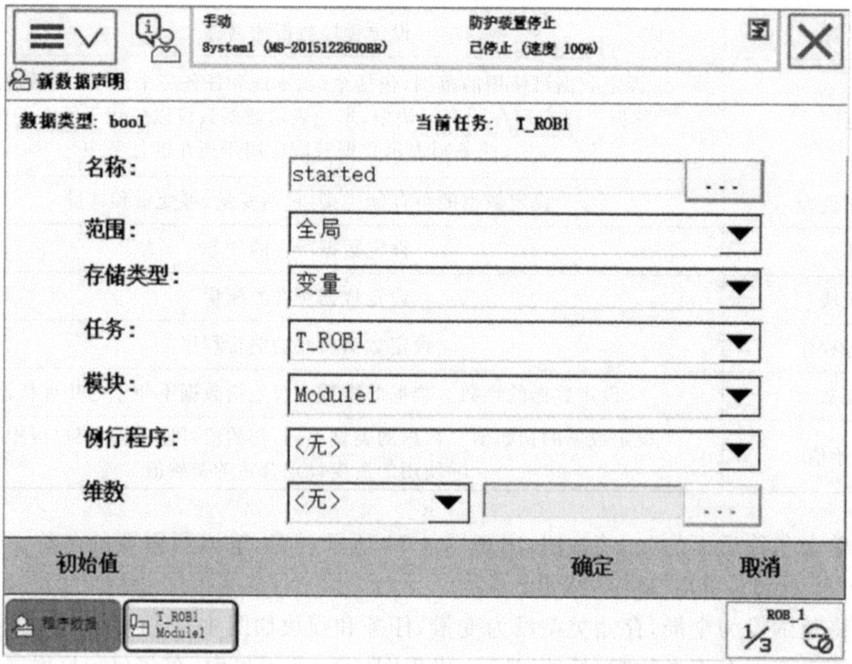

图 4-12　数据声明

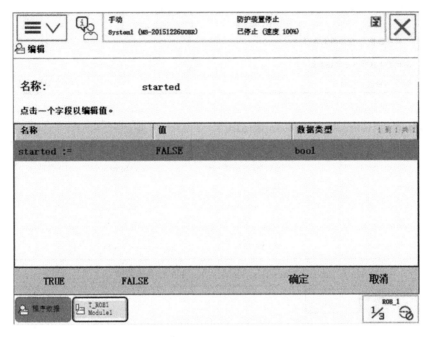

图 4-13　设定初始值

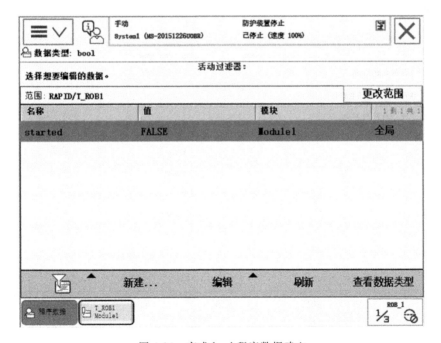

图 4-14　完成 bool 程序数据建立

2. 建立 num 程序数据

建立 num 程序数据与建立 bool 程序数据的操作步骤基本相同。

（1）在示教器的主界面中，点击"程序数据"选项，选择"num"数据类型，如图 4-15 所示。

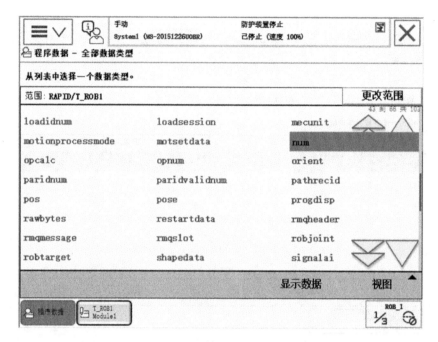

图 4-15　选择"num"数据类型

（2）单击"显示数据"选项，出现图 4-16 所示界面，然后点击"新建..."，进入程序数据参数设定界面。

图 4-16　num 程序数据

（3）num 程序数据参数的设定界面，即数据声明界面如图 4-17 所示。与建立 bool 程序数据操作相同，要对程序数据的名称、范围和存储类型等进行设定，单击下拉菜单选择需要设定的参数。

图 4-17　num 程序数据参数的设定界面

（4）单击"初始值"选项，出现图 4-18 所示界面，在对应的"值"位置单击，界面右边弹出小键盘，用户可根据程序需要输入初始值，例如输入"10"，然后点击"确定"按钮，初始值设定完成。

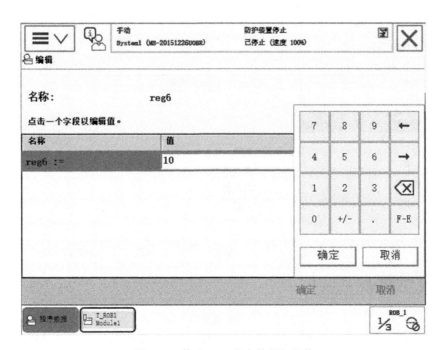

图 4-18　修改 num 程序数据初始值

（5）在数据声明界面继续单击"确定"按钮，完成 num 程序数据的建立，如图 4-19 所示。

（6）如图 4-20 所示，用户也可以选择其他的已编辑的程序数据，然后单击"编辑"进行更

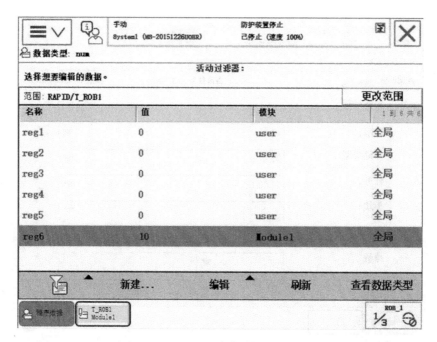

图 4-19　完成 num 程序数据的建立

改声明或者更改值的操作。更改声明也就是对程序数据的名称、范围、存储类型等项目进行更改，更改值就是对初始值进行更改，用户可根据程序进行相应的操作。

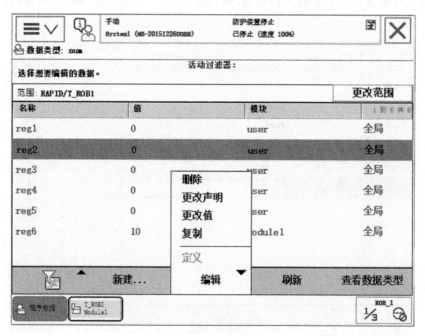

图 4-20　编辑其他程序数据

用户如需建立其他程序数据，操作方法是相同的，在全部数据类型或者已用数据类型中选择需要的程序数据类型，然后进行相关参数的设定即可。

任务 3　设置工具坐标数据

工具坐标数据在机器人程序数据中扮演着一个重要的角色,应深刻理解工具坐标系的含义,掌握工具坐标 TCP 的设定方法及详细的设定流程。

1. 认识工具坐标系

工具数据(tooldata)主要用于描述安装在机器人第六轴上的工具的 TCP(工具坐标系的原点被称为 TCP,即工具中心点)、质量、中心等参数。不同的工作任务使用不同的工具,都需要配置工具数据。工具坐标系的准确度直接影响机器人的示教轨迹的精度,默认工具坐标系(tool 0)原点位于机器人第六轴法兰盘的中心处,如图 4-21 所示,B 点就是原始的 TCP。

在执行程序时,机器人将 TCP 移至编程位置。如果要更改工具以及工具坐标系,机器人的移动将随之改变,以便新的 TCP 到达目标位置。

所有机器人在出厂时其手腕处都有一个预定义的坐标系,该坐标系称为 tool 0,当机器人安装新工具时,新工具坐标系可定义为 tool 0 的偏移值。当安装不同的工具(如焊枪)时,质量和中心容易获得,而 TCP 通常需要重新设定,如图 4-22 所示。

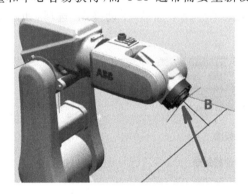
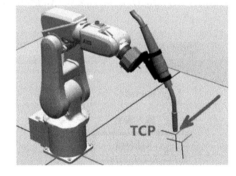

图 4-21　机器人默认工具坐标系(tool 0)原点　　图 4-22　机器人新工具坐标系原点

常用的 TCP 设定方法有以下几种。

1) $N(3 \leqslant N \leqslant 9)$ 点法

通常设定机器人的 TCP 是通过 $N(3 \leqslant N \leqslant 9)$ 种不同的姿态与参考点接触,得出多组解,再通过控制器计算得出当前 TCP 与机器人安装法兰盘中心点(tool 0)的相应位置,其坐标系方向与 tool 0 一致。

2) TCP+Z 法

在 N 点法的基础上,增加 Z 点与参考点的连线作为 Z 轴的正方向,改变了 tool 0 的 Z 坐标方向。

3) TCP+Z、X 法

在 N 点法的基础上,增加 X 点与参考点的连线作为 X 轴的正方向,增加 Z 点与参考点的连线作为 Z 轴的正方向,改变了 tool 0 的 X 坐标方向和 Z 坐标方向。

以上三种方法是 ABB 机器人 TCP 设定的几种常用方法，需要特别说明的是，三种方法设定的 TCP 由于取点数量差异，有如下区别：

· 4 点法（$N=4$）：新建立的工具坐标系不改变原来 tool 0 的坐标方向。

· 5 点法（TCP＋Z 法）：新建立的工具坐标系将改变原来 tool 0 的 Z 坐标方向，其他坐标方向不变。

· 6 点法（TCP＋X、Z 法）：新建立的工具坐标系将改变原来 tool 0 的 X、Z 坐标方向。

2. 设置工具数据 tooldata

设定工具数据 tooldata 通常采用 TCP 四点和 Z、X 方向设定方法（$N=4$），其设定的原理及步骤如下：

（1）在工业机器人工作范围内找一个非常精确的固定点作为参考点。

（2）在所使用的工具上确定一个参考点（最好是工具的中心点）。

（3）用手动操纵机器人的方法移动工具上的参考点，以四种不同的机器人工作姿态尽可能靠近固定点，各个点的姿态差异尽量大，这样机器人计算出的 TCP 值就更为准确。

（4）机器人通过四个位置点的位置数据计算求得新 TCP 的数据，保存在 tooldata 这个工具数据中。

下面以"TCP＋X、Z 法"详细讲解如何建立一个新的工具 tool 1 的操作过程。

（1）单击左上角的主菜单按钮，在弹出的主菜单界面中选择"手动操纵"选项，如图 4-23 所示。

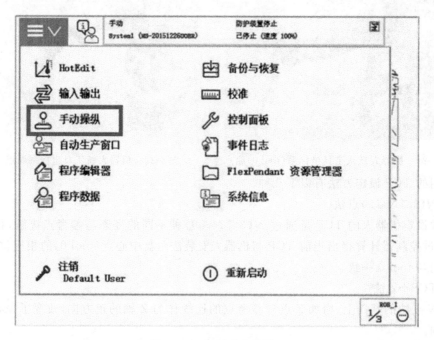

图 4-23　选择"手动操纵"

（2）单击"工具坐标"选项，如图 4-24 所示。

（3）单击"新建..."选项，如图 4-25 所示。

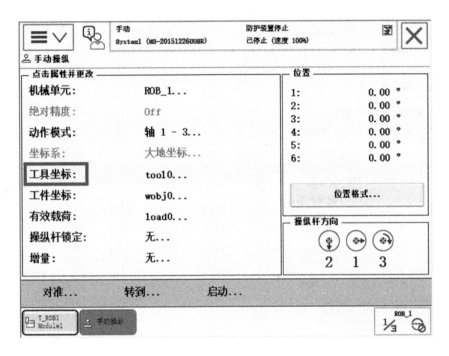

图 4-24 选择"工具坐标"

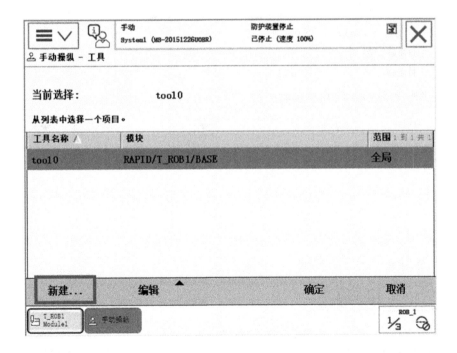

图 4-25 新建"工具坐标"

（4）选中 tool 1 项目，选择"编辑"菜单中的"定义…"选项，如图 4-26 所示。

（5）选择"TCP 和 Z、X"选项，选取点数为 4 进行 TCP 设定，如图 4-27 所示。

（6）通过示教器选择合适的手动操纵模式，按下使能开关，操纵工具参考点靠近固定点

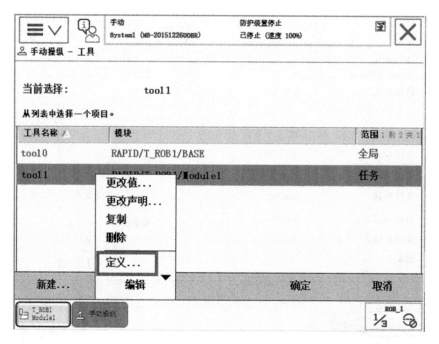

图 4-26 定义"工具坐标"

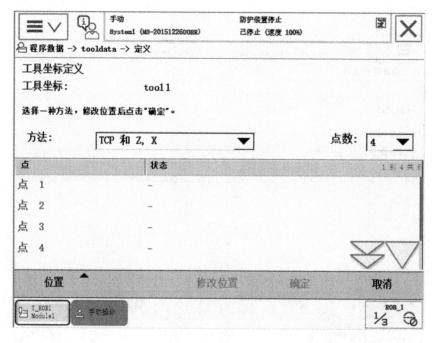

图 4-27 选择 TCP 设定方法

的位置,将图 4-28 所示机器人姿态作为第一个点位置,单击"修改位置"完成第一个点位置的修改,如图 4-29 所示。

(7) 按照步骤(6)的操作,依次完成"点 2""点 3""点 4"的位置修改。其中,"点 2"的机器人姿态如图 4-30 所示。

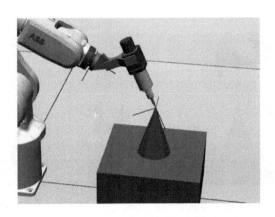

图 4-28 工具参考点靠近固定点

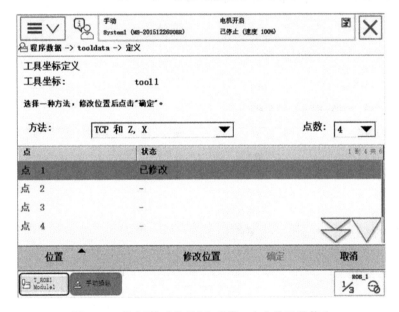

图 4-29 单击"修改位置"完成第一个点位置的修改

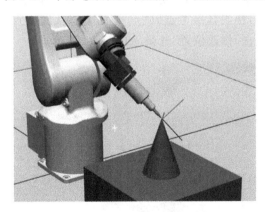

图 4-30 "点 2"的机器人姿态

"点 3"的机器人姿态如图 4-31 所示。

"点 4"的机器人姿态如图 4-32 所示。

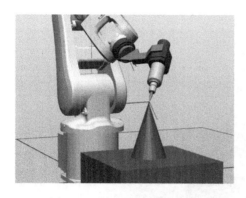

图 4-31 "点 3"的机器人姿态

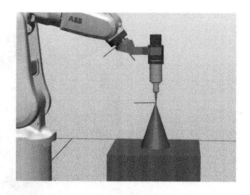

图 4-32 "点 4"的机器人姿态

四个点的位置修改完成后系统的界面如图 4-33 所示。

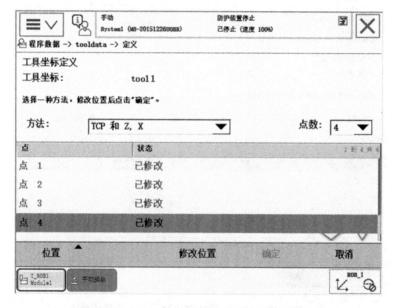

图 4-33 四个点的位置修改完成后系统的界面

（8）手动操纵机器人，使工具参考点以"点 4"的姿态从固定点移动到工具 TCP 的＋X 方向，如图 4-34 所示。点击"修改位置"选项，如图 4-35 所示。

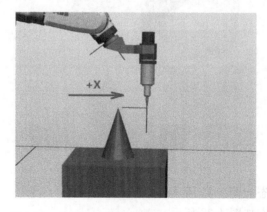

图 4-34 工具参考点移动到工具 TCP 的＋X 方向

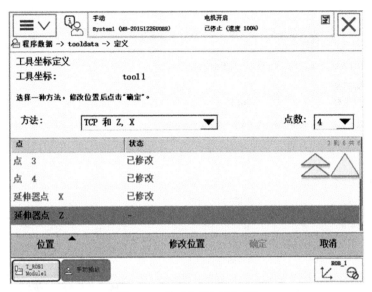

图 4-35 修改"延伸器点 X"

（9）手动操纵机器人，使工具参考点以"点 4"的姿态从固定点移动到工具 TCP 的＋Z 方向，如图 4-36 所示。点击"修改位置"选项，如图 4-37 所示。

（10）单击"确定"按钮，完成所有位置的修改。在界面上查看误差，数值越小越好，但也要以实际验证效果为准，如图 4-38 所示。

至此，工具 TCP 设定已完成，如在实际应用过程中，需要更改工具的质量与重心等数据，可继续按照以下步骤完成设置操作。

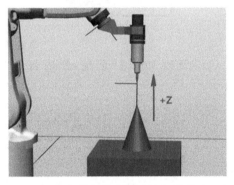

图 4-36 工具参考点移动到工具 TCP 的＋Z 方向

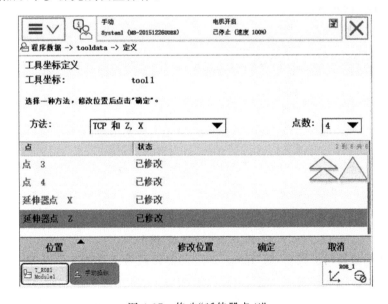

图 4-37 修改"延伸器点 Z"

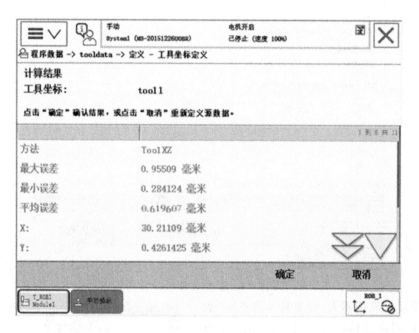

图 4-38　误差显示界面

　　（11）选择"tool 1"选项，然后打开"编辑"菜单，单击"更改值…"选项，如图 4-39 所示。

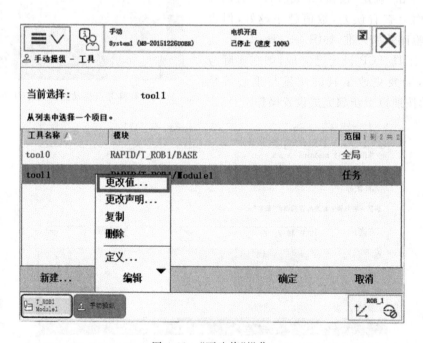

图 4-39　"更改值"操作

　　（12）移动滚动条向下翻页，将"mass"选项的值修改为工具的实际质量（单位为 kg），如图 4-40 所示。

　　（13）移动滚动条向下翻页，可修改工具的重心数据，以实际重心数据为准，如图 4-41 所示。

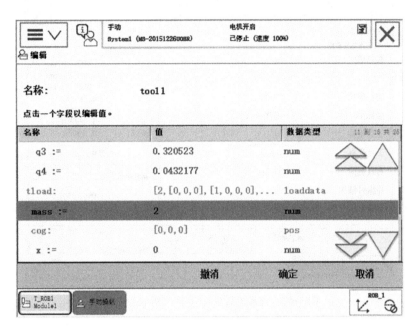

图 4-40 工具实际质量值修改

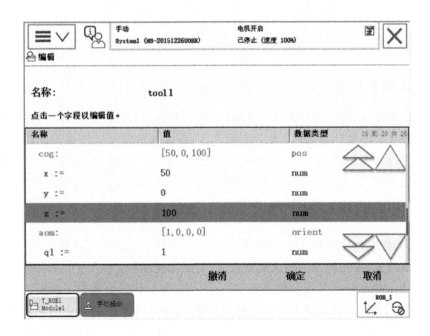

图 4-41 编辑工具重心数据

(14)单击"确定"按钮,完成 tool 1 的数据修改。按照工具重定位动作模式,选中工具坐标"tool 1",如图 4-42 所示,通过示教器操作,可以看见 TCP 与固定点始终保持位置不变,而机器人不断改变姿态。

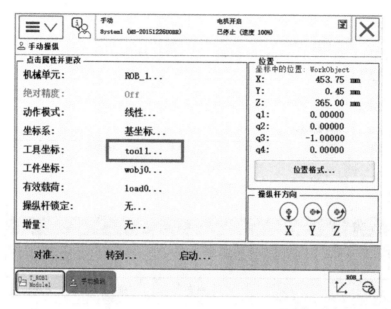

图 4-42　查看工具坐标"tool 1"的设置效果

任务 4　设置工件坐标数据

1. 认识工件坐标系

工件坐标系对应工件,它定义工件相对于大地坐标系(或其他坐标系)的位置。机器人可以拥有若干工件坐标系,或者表示不同工件,或者表示同一工件在不同位置的若干副本。机器人进行编程时就是在工件坐标系中创建目标和路径,应用工件坐标系有如下优点:

(1) 重新定位工作站中的工件时,操作人员只需要更改工件坐标系的位置,所有路径即随之更新。

(2) 允许操作以外轴或传送导轨移动的工件,因为整个工件可连同其路径一起移动。

如图 4-43 所示,A 是机器人的大地坐标系,为了方便编程,为第一个工件建立工件坐标系 B,并用这个工件坐标系 B 进行轨迹编程。此时,如果工作台上还有一个同样的工件需要走一样的轨迹,用户就只需要建立一个工件坐标系 C,将工件坐标系 B 中的轨迹程序复制一份,然后将工件坐标系从 B 换成 C,而无须对一样的轨迹进行重复的编程,这样可以大大节省用户的编程调试时间。

有时,会在若干位置,对同一对象或若干相邻工件执行同一路径,为了避免给每个位置进行重新编程,可以定义一个位移坐标系。位移坐标系是基于工件坐标系定义的。如果在工件坐标系 B 中,对 A 对象进行了轨迹编程,当工件坐标系的位置变成工件坐标系 D 后,只需在工业机器人系统中重新定义位移坐标系 D,则原来工业机器人的轨迹 A 就自动更新到轨迹 C,用户不需要对轨迹进行重新编程,可省大量时间,从而提高生产效率,如图 4-44 所

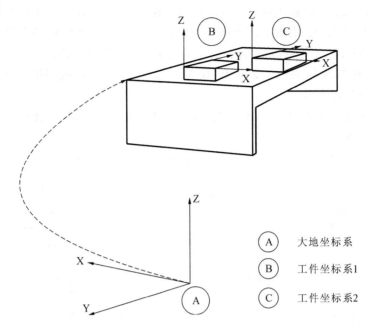

图 4-43　工件坐标系定义

示。因为 A 对象轨迹相对于 B 工件坐标系,与 C 对象轨迹相对于 D 工件坐标系的关系是一样的,并没有因为坐标系发生偏移而发生变化。

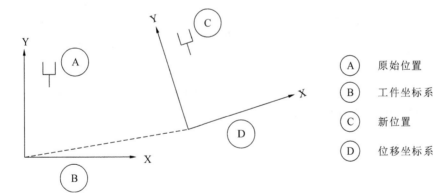

图 4-44　工件坐标系的偏移

在对象的平面上,只需要定义三个点,就可以建立一个工件坐标系,如图 4-45 所示。

(1) X1 点确定工件坐标系原点;

(2) X1、X2 点确定工件坐标系 X 轴的正方向;

(3) Y1 点确定工件坐标系 Y 轴正方向;

(4) 工件坐标系符合右手定则。

2. 设置工件数据 wobjdata

当设定工件坐标系时,通常采用"三点法",用户只需在工件平面位置或工件边缘角位置上定义三个点的位置,其设定的方法如下。

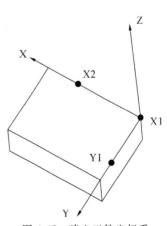

图 4-45　建立工件坐标系

（1）手动操纵机器人，在工件表面或边缘角位置确定一点 X1 作为工件坐标系的原点。

（2）手动操纵机器人，沿着工件表面或边缘位置找到一点 X2，X1、X2 确定工件坐标系 X 轴的正方向（X1 和 X2 两点的距离越远，定义的坐标系轴向越准确）。

（3）手动操纵机器人，在 XY 平面上，且 Y 值为正的一侧方向找到第三点 Y1，从而确定工件坐标系 Y 轴的正方向。

下面以"三点法"为例，详细讲解如何创建一个工件坐标系 wobj1（或者如何设置工件数据 wobjdata），具体步骤如下。

（1）在手动操纵界面上，点击"工件坐标"选项，如图 4-46 所示。

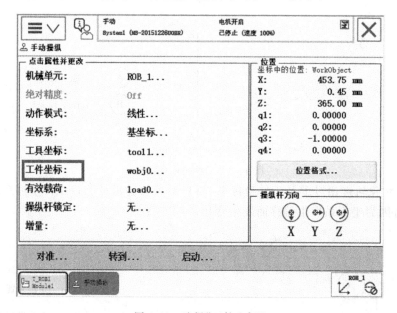

图 4-46 选择"工件坐标"

（2）单击"新建..."，如图 4-47 所示。

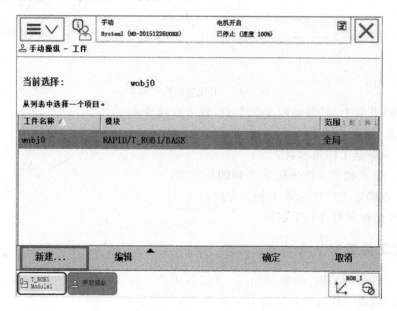

图 4-47 选择"新建..."

（3）对工件坐标数据的属性进行设定后，单击"确定"按钮，如图 4-48 所示。

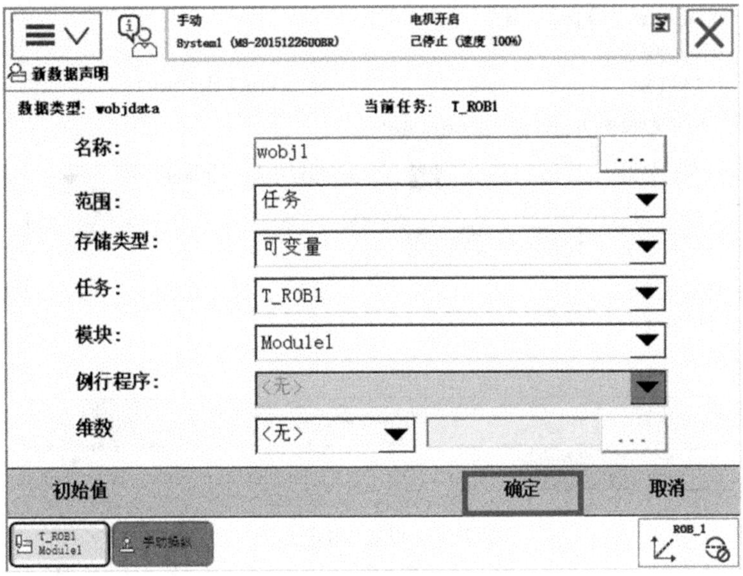

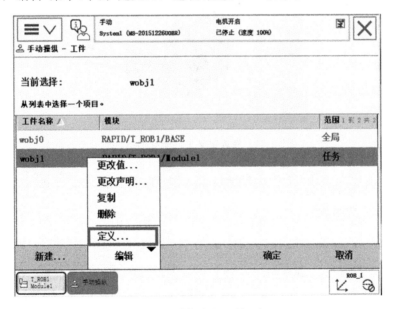

图 4-48　数据声明界面

（4）打开"编辑"菜单，单击"定义..."选项，如图 4-49 所示。

图 4-49　编辑定义工件坐标

（5）将界面上的"用户方法"设定为"3 点"，如图 4-50 所示。

（6）手动操纵机器人的工具参考点，靠近定义工件坐标的 X1 点，如图 4-51 所示。

（7）单击"修改位置"，将 X1 点的位置记录下来，如图 4-52 所示。

（8）手动操纵机器人的工具参考点，靠近定义工件坐标的 X2 点，以同样的方法，点击"修改位置"，将 X2 点的位置记录下来，如图 4-53 所示。

（9）手动操纵机器人的工具参考点，靠近定义工件坐标的 Y1 点，然后在示教器中完成位置的修改操作，如图 4-54 所示。

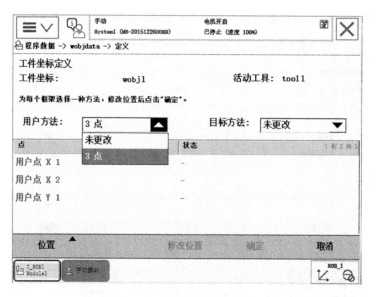

图 4-50 设置"用户方法"

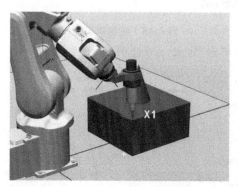

图 4-51 靠近定义工件坐标的 X1 点

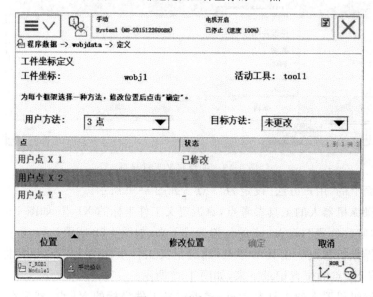

图 4-52 确定 X1 点

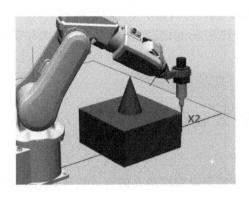

图 4-53　靠近定义工件坐标的 X2 点

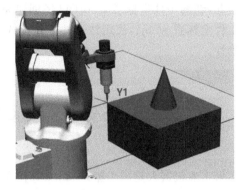

图 4-54　靠近定义工件坐标的 Y1 点

（10）在主界面中点击"确定"按钮，如图 4-55 所示。

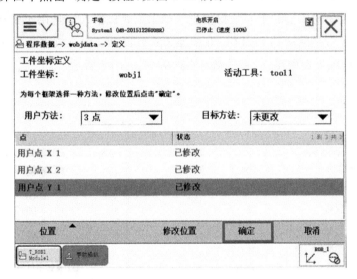

图 4-55　"三点"修改完成

（11）对工件位置进行确认后，点击"确定"，如图 4-56 所示。

图 4-56　工件位置确认

至此,新的工件坐标系 wobj1 已经创建完成。用户可以在手动操纵主界面下,选择新创建的工件坐标系 wobj1,使用线性的工作模式,验证在 wobj1 工件坐标系下机器人移动方式的正确性。

任务5　设置有效载荷数据

如果工业机器人是用于搬运、码垛等作业,就需要设置机器人的有效载荷数据(loaddata),因为对于搬运、码垛机器人,手臂承受的重量是不断变化的,所以用户不仅要准确设置工具的质量和重心数据 tooldata,还要设置搬运对象的质量和重心数据 loaddata,有效载荷数据记录了搬运对象的质量和重心数据信息。如果工业机器人不是用于搬运、码垛等作业,则 loaddata 的设置就是默认的 load 0。在机器人示教器上设置有效载荷的详细步骤如下。

(1) 在手动操纵界面中单击"有效载荷"选项,如图 4-57 所示。

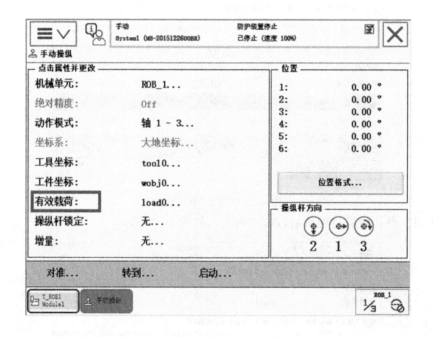

图 4-57　选择"有效载荷"

(2) 单击"新建...",如图 4-58 所示。

(3) 选择"初始值"选项,如图 4-59 所示。

(4) 根据实际应用情况,对有效载荷数据进行设置,如图 4-60 所示。

(5) 在有效载荷数据设置完成后,点击"确定"按钮,如图 4-61 所示。有效载荷参数说明如表 4-3 所示。

图 4-58　选择"新建..."

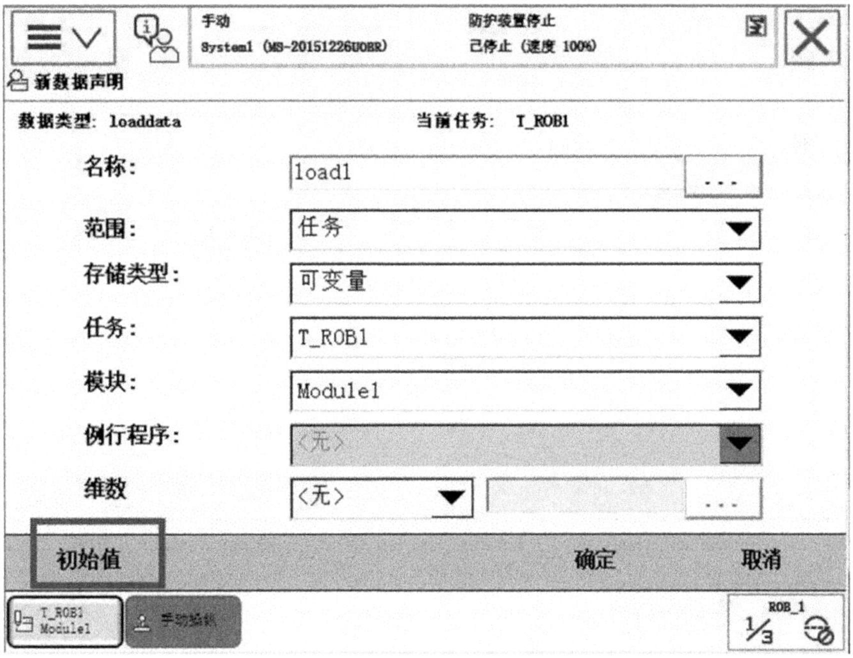

图 4-59　数据声明界面

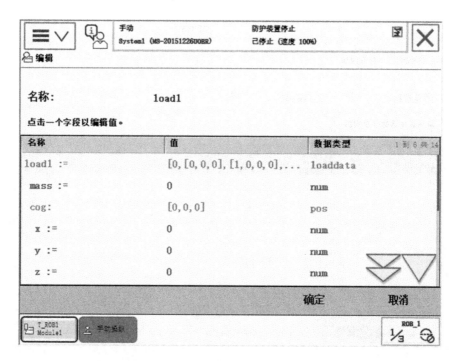

图 4-60 "初始值"设置

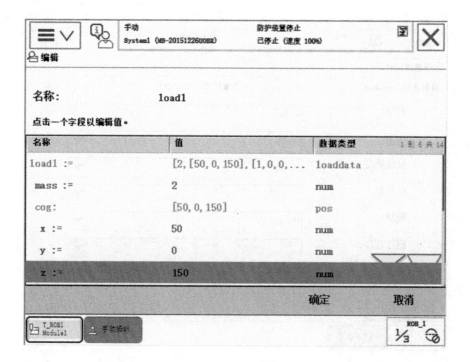

图 4-61 设置完成

表 4-3　有效载荷参数说明

名　称	参　数	单　位
有效载荷质量	load. mass	kg
有效载荷重心	load. cog. x load. cog. y load. cog. z	mm
力矩轴方向	load. aom. q1 load. aom. q2 load. aom. q3 load. aom. q4	—
有效载荷的转动惯量	Ix Iy Iz	$kg \cdot m^2$

（6）返回数据声明界面，然后单击"确定"按钮，如图 4-62 所示。

图 4-62　完成有效载荷设定

（7）当有效载荷设定完成后，用户需要在 RAPID 程序中根据实际使用情况进行实时调整。以实际的搬运应用为例，do1 为夹具控制信号，如图 4-63 所示。

（8）打开"添加指令"列表，添加"GripLoad"指令，如图 4-64 所示。

（9）双击"load 0"，选择新建的载荷数据"load 1"，然后单击"确定"按钮，如图 4-65 所示。

（10）在搬运完成后，需要将搬运对象清除为"load 0"，如图 4-66 所示。

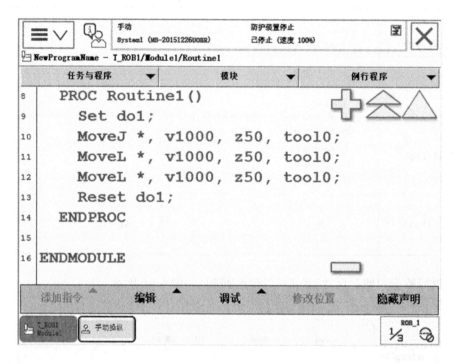

图 4-63　实际搬运应用程序

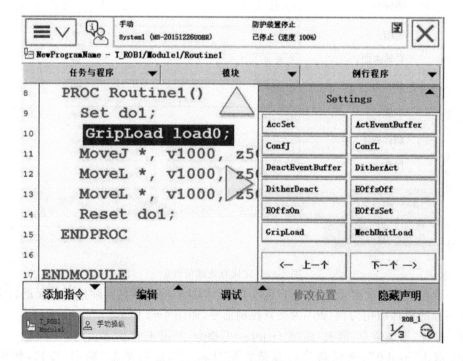

图 4-64　添加"GripLoad"指令

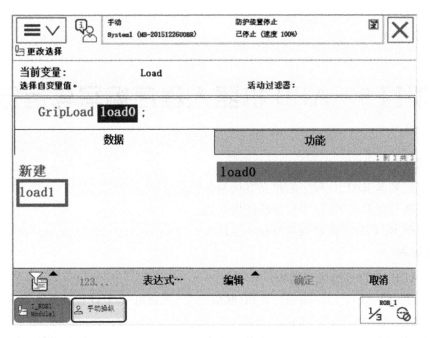

图 4-65　选择新建的载荷数据"load 1"

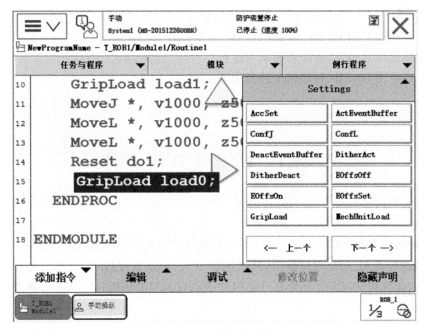

图 4-66　清除载荷数据

思考与实训

1. 思考工具坐标系和工件坐标系的差异。
2. 进行工业机器人常用数据类型建立的操作实训。
3. 进行建立工业机器人工具坐标系的操作实训。
4. 进行建立工业机器人工件坐标系的操作实训。

项目 5　ABB 机器人程序编写与运行

学习目标

（1）掌握基本 RAPID 程序的建立方法与步骤；

（2）掌握常用 RAPID 程序指令的使用方法；

（3）掌握 RAPID 程序的调试与自动运行。

知识要点

（1）RAPID 程序的组成与结构；

（2）常用的 RAPID 程序指令的使用（赋值指令、运动指令、I/O 控制指令和条件逻辑判断指令等）；

（3）RAPID 程序特殊指令的使用（FUNCTION 功能指令、中断指令 TRAP 等）。

训练项目

（1）能够进行 RAPID 程序的建立；

（2）能够进行 RAPID 程序的调试与运行；

（3）掌握常用 RAPID 程序指令的使用方法。

任务 1　认识 RAPID 程序

在 ABB 机器人中，对机器人进行逻辑运算、运动控制及 I/O 控制的编程语言称为 RAPID。RAPID 是一种英文编程语言，与计算机编程语言 VB、C 的结构较为相似。它所包含的指令可以移动机器人、设置端口输出、读取端口输入，还能实现决策、重复其他指令、构造程序、与机器人操作员交流等。只要有计算机高级语言编程的基础，就能快速、熟练掌握 RAPID 语言编程。

ABB 机器人程序由各种各样的模块（modules）组成，包括系统模块和用户自行建立的模块。编写程序时可通过新建模块来构建机器人程序，用户可以根据实际使用情况，建立多个模块。ABB 机器人自带两个系统模块，USER 模块和 BASE 模块，系统模块用于机器人系统的控制，一般情况下，用户无须更改系统模块。

用户建立的模块包括四种对象：例行程序（procedure）、程序数据（data）、函数（function）、中断（trap）。通常需要建立不同的模块来分类管理不同用途的例行程序和数据。所有例行程序与数据无论存放在哪个模块，都可以被其他模块调用，它们的命名必须是唯一的。在所有模块中，只能有一个例行程序被命名为 main，main 例行程序存放的模块称为主模块,主模块是机器人程序的主入口。RAPID 程序中包含了一连串控制机器人的指令,执行这些指令可以实现对机器人的控制操作。应用程序是使用 RAPID 编程语言的特定词汇和语言编写而成的。RAPID 程序的基本架构如图 5-1 所示。

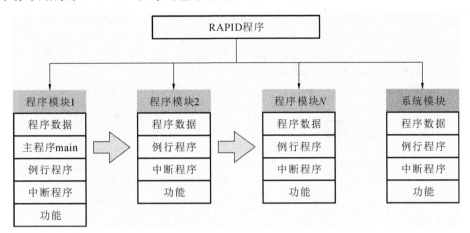

图 5-1　RAPID 程序的基本架构

RAPID 程序的结构说明如下:

(1) RAPID 程序是由程序模块与系统模块组成的。一般地,只通过新建程序模块来构建机器人程序,而系统模块多用于系统方面的控制。

(2) 用户可以根据不同的用途创建多个程序模块,如专门用于主控制的程序模块、用于位置计算的程序模块、用于存放数据的程序模块,这样便于归类管理不同用途的例行程序与数据。

(3) 每一个程序模块可包含程序数据、例行程序、中断程序和功能四种对象,但是不一定在每个模块都包含这四种对象。程序模块之间的数据、例行程序、中断程序和功能是可以互相调用的。

(4) 在 RAPID 程序中,只有一个主程序 main,它可存在于任意一个程序模块中,且作为整个 RAPID 程序执行的起点,其他例行程序都可以被主程序 main 调用。

任务 2　认识常用 RAPID 程序指令

ABB 机器人的 RAPID 编程提供了丰富的指令来完成各种简单与复杂的编程应用。下面从最常用的指令开始介绍 RAPID 编程,领略 RAPID 丰富的指令集提供的编程便利性。

1. 赋值指令

和 C 语言的赋值指令不同,ABB 机器人 RAPID 程序的赋值指令是":=",":="赋值指令主要用于对程序数据进行赋值。赋值可以是一个常量或数学表达式,下面以添加一个常量赋值与数学表达式赋值来说明该指令的使用。

常量赋值:reg2 := 10;

数学表达式赋值:reg1 := reg2 + 8;

1)添加常量赋值的指令操作

(1)进入需添加赋值指令的例行程序,在指令列表中选择":=",如图 5-2 所示。

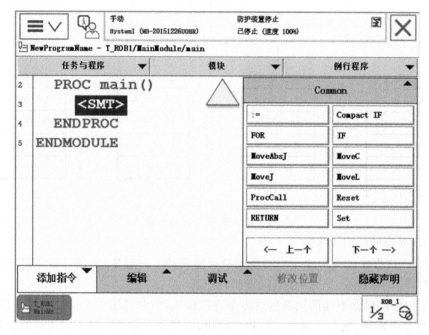

图 5-2　添加赋值指令

(2)单击"更改数据类型...",选择"num"数据类型,如图 5-3 所示。

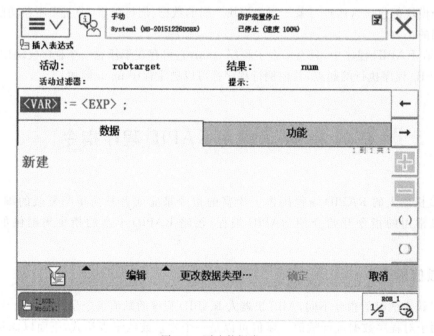

图 5-3　更改数据类型

（3）在列表中找到"num"数据类型并选择，然后单击"确定"，如图 5-4 所示。

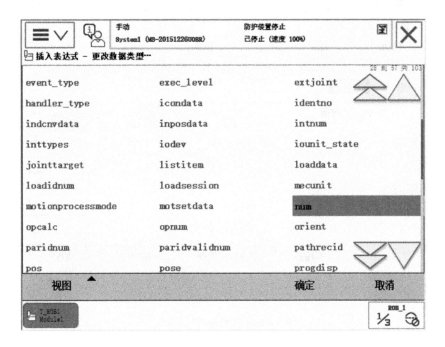

图 5-4　选择数据类型

（4）选择变量"reg2"，如图 5-5 所示。

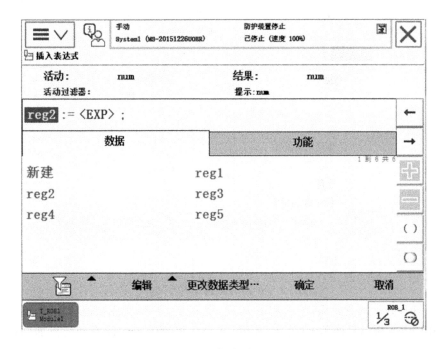

图 5-5　选择变量"reg2"

（5）选择"〈EXP〉"，此时"〈EXP〉"显示为蓝色高亮，如图 5-6 所示。

（6）打开"编辑"菜单，单击"仅限选定内容"选项，如图 5-7 所示。

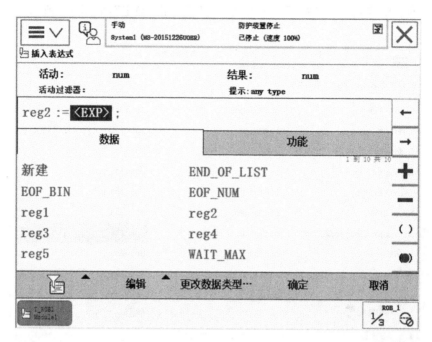

图 5-6　选择表达式"〈EXP〉"

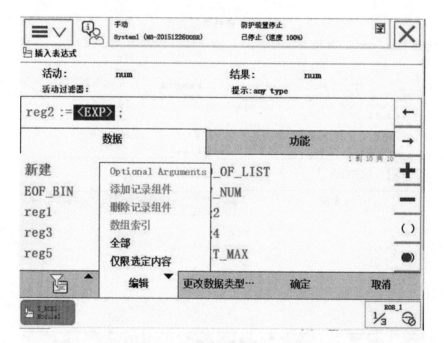

图 5-7　单击"仅限选定内容"选项

（7）在打开的软键盘界面，输入数字 10，然后单击"确定"完成赋值输入，如图 5-8 所示。

（8）在图 5-8 所示界面单击"确定"按钮，在程序编辑窗口就能看到所添加的指令，如图 5-9 所示。

2）添加带数学表达式的赋值指令操作

（1）进入需添加赋值指令的例行程序，在指令列表中选择"：="（见图 5-2）。

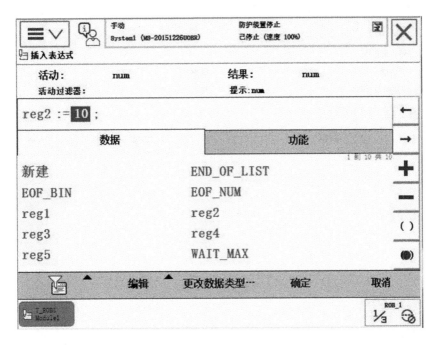

图 5-8　确认输入

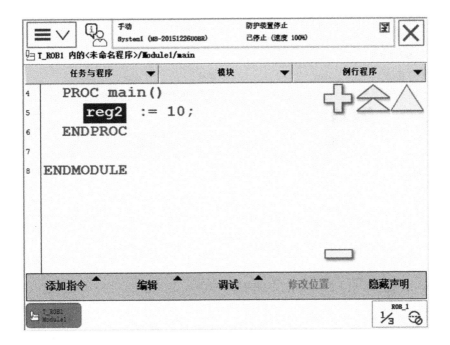

图 5-9　赋值指令添加完成

（2）选择变量"reg1"，如图 5-10 所示。

（3）选择"〈EXP〉"，此时"〈EXP〉"显示为蓝色高亮，如图 5-11 所示。

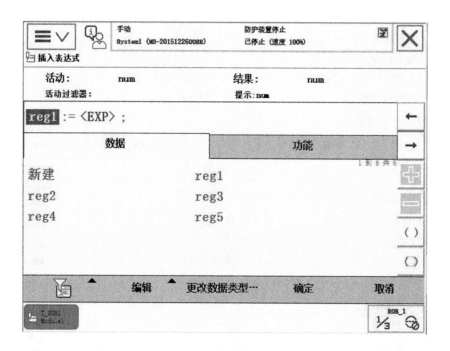

图 5-10　选择变量"reg1"

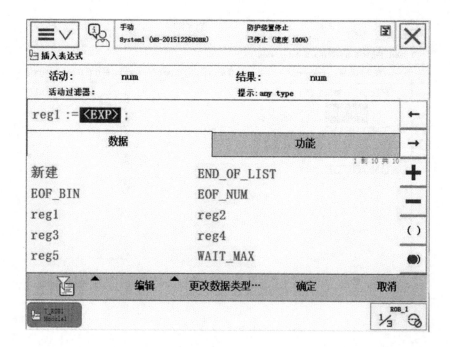

图 5-11　选择"〈EXP〉"

（4）选择变量"reg2"，如图 5-12 所示。

（5）单击运算符"＋"，如图 5-13 所示。

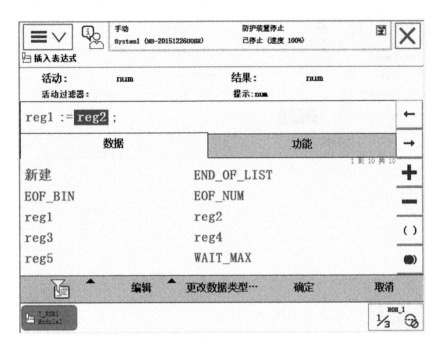

图 5-12　选择变量"reg2"

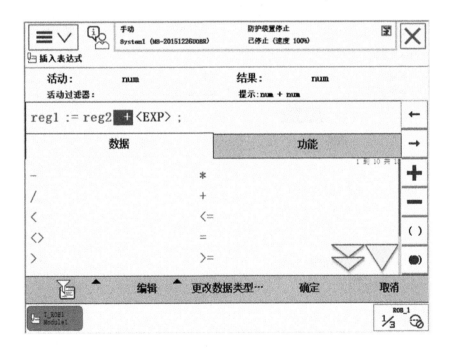

图 5-13　添加运算符"＋"

（6）选择"〈EXP〉"，此时"〈EXP〉"显示为蓝色高亮，如图 5-14 所示。

（7）打开"编辑"菜单，单击"仅限选定内容"选项，如图 5-15 所示。

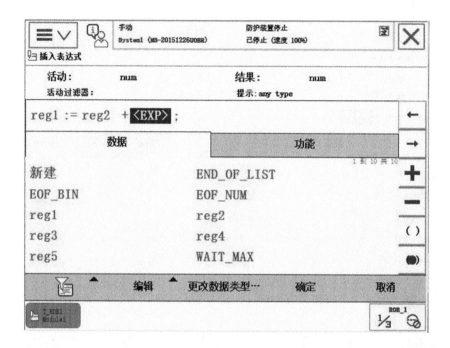

图 5-14　选择"〈EXP〉"

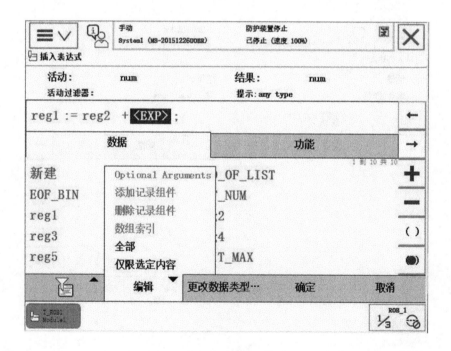

图 5-15　单击"仅限选定内容"选项

（8）通过在界面打开的软键盘，输入数字 8，然后单击"确定"完成输入，如图 5-16 所示。

（9）在图 5-16 所示界面单击"确定"按钮，弹出图 5-17 所示对话框，单击"下方"按钮，指令就添加到当前光标的下方处。

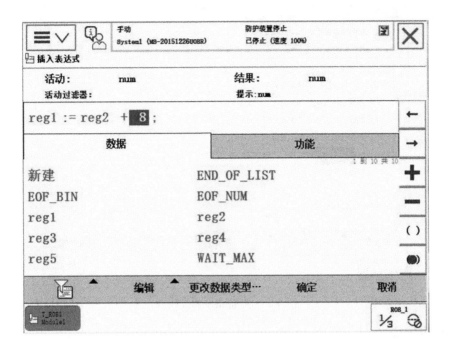

图 5-16　确认输入

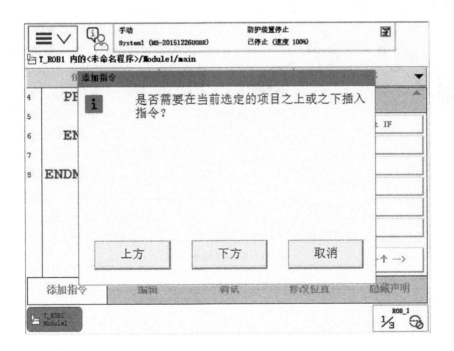

图 5-17　单击"下方"按钮

（10）通过以上各步的操作，在程序编辑窗口就能看到所添加的指令，如图 5-18 所示。

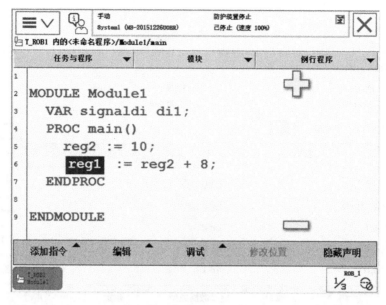

图 5-18　赋值指令添加完成

2. 运动指令

工业机器人在空间中的运动指令主要包括关节运动指令（MoveJ）、线性运动指令（MoveL）、圆弧运动指令（MoveC）和绝对运动指令（MoveAbsJ）四种。

1）关节运动指令 MoveJ

关节运动是机器人以最快捷的方式运动至目标点，其运动状态不完全可控，但运动路径保持唯一，常用于机器人在空间大范围内的移动，可避免在运动过程中出现关节轴进入机械死点的问题。关节运动指令用于对路径精度要求不高的场合，机器人的 TCP 从一个位置移动到另一个位置，两个位置之间的路径不一定是直线。关节运动示意图如图 5-19 所示。如图 5-20 所示为添加两条关节运动指令的界面。对界面里的两条关节指令解析如表 5-1 所示。

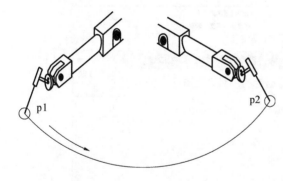

图 5-19　关节运动示意图

表 5-1　MoveJ 指令解析

参　　数	含　　义
MoveJ	关节运动指令
p1、p2	目标点位置数据
v1000	运动速度数据
z50	转弯区数据
tool 1	工具坐标数据
wobj 1	工件坐标数据

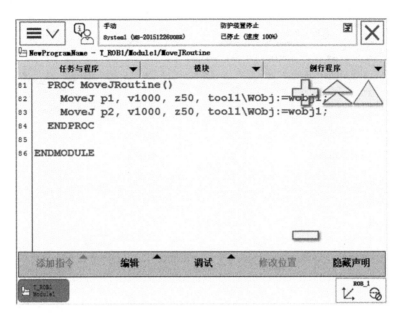

图 5-20　添加 MoveJ 指令

以下为各类数据的详细说明：

（1）目标点位置数据：定义了机器人 TCP 运动的目标点，用户可以在示教器中单击"修改位置"进行修改。

（2）运动速度数据：定义机器人的运动速度，单位是 mm/s。

（3）转弯区数据：定义转弯区的半径大小，单位是 mm，当此数据设为"fine"时，表明机器人 TCP 到达目标点，在目标点速度降为零；机器人动作停顿后再往下运动，如果目标点是路径运动的最后一个点，一定要设为"fine"。

（4）工具坐标数据：定义机器人当前指令使用的工具。

（5）工件坐标数据：定义机器人当前指令使用的工件坐标。

2）线性运动指令 MoveL

线性运动是指机器人 TCP 从当前点以线性方式运动到目标点，当前点与目标点始终保持一条直线。此时机器人的运动状态可控，运动路径是保持唯一的。机器人在运动过程中可能出现死点，常用于机器人在工作状态下的移动，一般在对路径要求高的场合（如焊接、涂胶等）使用该指令。线性运动示意图如图 5-21 所示。

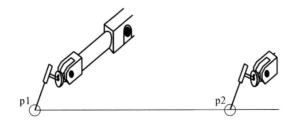

p1　　　　　　　　　　　　　　　　p2

图 5-21　线性运动示意图

如图 5-22 所示，在例行程序中添加了两条 MoveL 运动指令。MoveL 指令中涉及的各个参数，其含义和 MoveJ 指令中的相同。

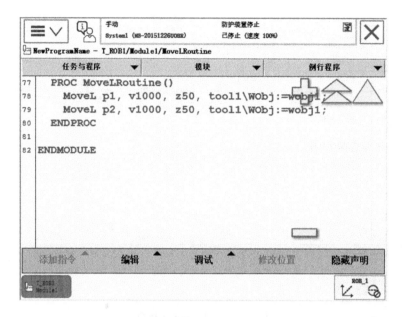

图 5-22　添加 MoveL 指令

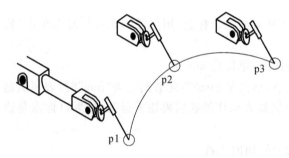

图 5-23　圆弧运动示意图

3）圆弧运动指令 MoveC

圆弧运动是指机器人 TCP 以圆弧的方式从当前点开始，经过一个中间点，最终运动到目标点位置，由当前点、中间点、目标点这三点决定一段圆弧。圆弧运动时，机器人的运动状态是可控的，运动路径保持唯一。常用于机器人在工作状态下的移动。圆弧运动示意图如图 5-23 所示。

如图 5-24 所示，例行程序中添加了一条 MoveC 指令，对界面里的圆弧运动指令的解析如表 5-2 所示。

表 5-2　MoveC 指令解析

参　　数	含　　义
MoveC	圆弧运动指令
p1	圆弧第一个点（当前点）
p2	圆弧第二个点（中间点）
p3	圆弧第三个点（目标点）
v1000	运动速度数据
z10	转弯区数据
tool 1	工具坐标数据
wobj 1	工件坐标数据

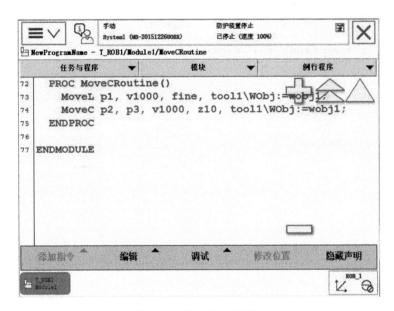

图 5-24 添加 MoveC 指令

4）绝对位置运动指令 MoveAbsJ

绝对位置运动是指机器人以单轴的运动方式运动至目标点，在运动过程中，绝对不存在死点，运动状态完全不可控。MoveAbsJ 指令常用于机器人六个轴回到机械零点位置，应避免在生产过程中使用该指令。绝对位置运动指令是机器人的运动使用六个轴和外轴的角度值来定义目标位置数据。MoveAbsJ 指令的使用方法如下。

（1）在主菜单界面下，单击"手动操纵"选项，确定已选定工具坐标和工件坐标，如图5-25所示。

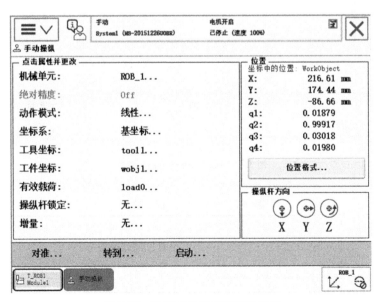

图 5-25 选定工具坐标和工件坐标

（2）在例行程序中，选中"〈SMT〉"，点击"添加指令"选项，打开"添加指令"菜单界面，如图 5-26 所示。

（3）单击"MoveAbsJ"指令，完成添加 MoveAbsJ 指令，如图 5-27 所示。

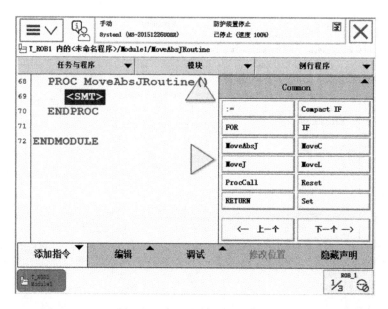

图 5-26 打开"添加指令"菜单

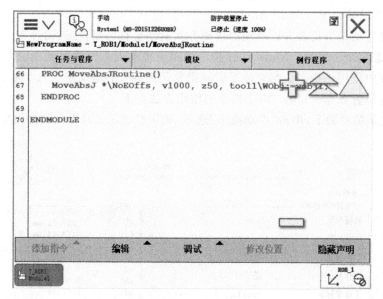

图 5-27 添加 MoveAbsJ 指令

MoveAbsJ 指令的解析如表 5-3 所示。

表 5-3 MoveAbsJ 指令解析

参 数	含 义
MoveAbsJ	绝对位置运动指令
\NoEOffs	外轴不带偏移数据
v1000	运动速度数据
z50	转弯区数据
tool 1	工具坐标数据
wobj 1	工件坐标数据

3. I/O 控制指令

I/O 控制指令主要用于读取机器人的输入端口信号或者对输出端口信号进行输出,以达到与机器人周边设备进行通信的目的。下面介绍基本的 I/O 控制指令。

1) 数字输出端口信号置位指令 Set

功能:数字输出端口信号置位指令 Set 用于将数字输出端口信号置位为"1"。

例如:Set do1;　　! 设置 do1=1

如图 5-28 所示,在例行程序中添加 Set 指令。

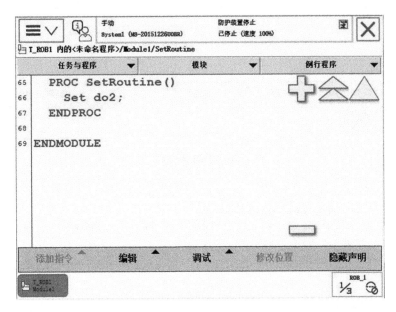

图 5-28　添加 Set 指令

需要注意的是,如果在 Set 指令前有运动指令 MoveL、MoveJ、MoveC、MoveAbsJ 的转弯区数据,必须使用"fine"才可以准确地输出 I/O 信号状态的变化。

2) 数字输出端口信号复位指令 Reset

功能:数字输出端口信号复位指令 Reset 用于将数字输出端口信号置位为"0"。

例如:Reset do1;　! 设置 do1=0

如图 5-29 所示,在例行程序中添加 Reset 指令。

需要注意的是,如果在 Reset 指令前有运动指令 MoveL、MoveJ、MoveC、MoveAbsJ 的转弯区数据,必须使用"fine"才可以准确地输出 I/O 信号状态的变化。

3) 数字输入端口信号判断指令 WaitDI

功能:数字输入端口信号判断指令 WaitDI 用于判断当前数字输入端口信号的值是否与目标值一致。

例如:WaitDI　di1,1;　! 等待 di1=1

当程序执行以上指令时,等待 di1 端口信号值为 1。如果 di1 的值为 1,则程序继续往下执行;如果 di1 的值为 0,则程序一直等待。如果达到最大等待时间 300 s(此时间可以根据实际在参数中设定)以后,di1 的值还不为 1,则机器人报警或进入出错处理程序。

如图 5-30 所示,在例行程序中添加 WaitDI 指令。

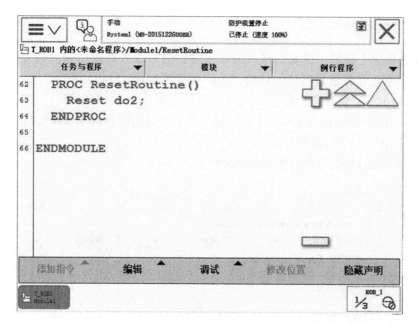

图 5-29　添加 Reset 指令

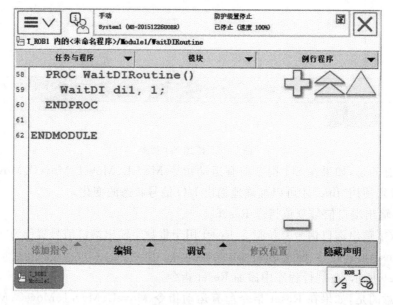

图 5-30　添加 WaitDI 指令

4）数字输出端口信号判断指令 WaitDO

功能：数字输出端口信号判断指令 WaitDO 用于判断当前数字输出端口信号的值是否与目标值一致。

例如：WaitDO　do1,1;　！等待 do1＝1

当程序执行以上指令时，等待 do1 端口信号值为 1。如果 do1 的值为 1，则程序继续往下执行；如果 do1 的值为 0，则程序一直等待。如果达到最大等待时间 300 s（此时间可以根据实际在参数中设定）以后，do1 的值还不为 1，则机器人报警或进入出错处理程序。

如图 5-31 所示，在例行程序中添加 WaitDO 指令。

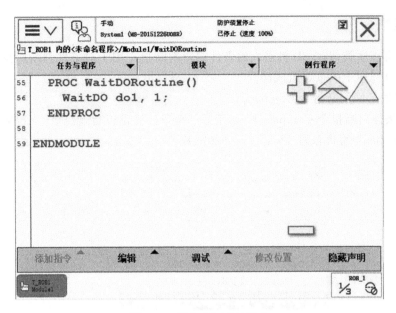

图 5-31 添加 WaitDO 指令

5) 信号判断指令 WaitUntil

功能：信号判断指令 WaitUntil 用于判断布尔量、数字量和 I/O 信号的当前数字输出端口信号的值是否与目标值一致。

例如：WaitUntil flag1＝true； ! 等待 flag1 为真

当程序执行以上指令时，等待 flag1 变量状态。如果 flag1 的值为真，则程序继续往下执行；如果 flag1 的值为假，则程序一直等待。如果达到最大等待时间 300 s（此时间可以根据实际在参数中设定）以后，flag1 的值还不为真，则机器人报警或进入出错处理程序。

如图 5-32 所示，在例行程序中添加 WaitUntil 指令。

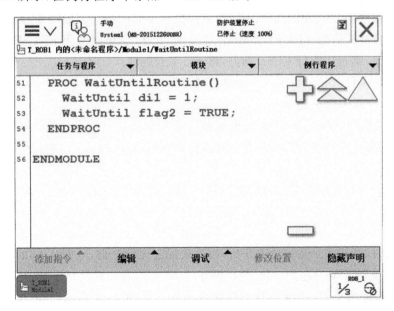

图 5-32 添加 WaitUntil 指令

4. 逻辑指令

和 C 语言程序类似，ABB 机器人的条件逻辑判断指令用于对条件判断后执行相应的操作，是 RAPID 程序中的重要组成部分。

1）紧凑型条件判断指令 Compact IF

紧凑型条件判断指令 Compact IF 用于当一个条件满足以后，就执行一句指令。如图 5-33 所示，如果 flag2 的状态为 TRUE，则 do2 就被置位为 1。

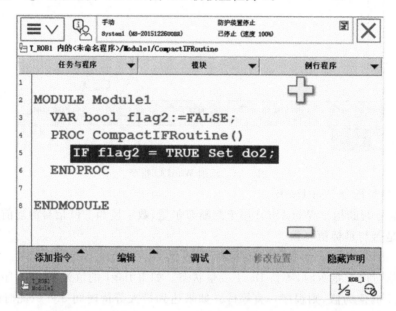

图 5-33　Compact IF 指令的使用

2）条件判断指令 IF

条件判断指令 IF 主要用于根据不同的条件执行不同的指令。如图 5-34 所示，当 num2 为 1 时，flag2 会被赋值为 TRUE；当 num2 为 2 时，flag2 会被赋值为 FALSE。如果以上两种条件都不满足，则程序执行 ELSE 部分，将 do2 置位为 1。

条件判定的条件数量可以根据实际应用的情况进行增减。

3）重复执行判断指令 FOR

功能：重复执行判断指令 FOR 是根据循环变量在指定范围内递增或递减而重复执行语句块，主要用于一个或多个指令需要重复执行数次（执行次数确定）的情况。

指令格式：

FOR〈循环变量〉FROM〈初始值〉TO〈终止值〉[STEP〈步长〉]DO

〈语句块〉

ENDFOR

循环开始时，循环变量从初始值开始，如果未指定 STEP 值，则默认 STEP 值为 1，如果是递减的情况，STEP 值设定为 −1。每次循环时，都要重新计算循环变量，只要变量不在循环范围内，循环将结束，程序继续执行后续的语句。如图 5-35 所示，例行程序 CompactI-FRoutine 将重复执行 20 次。

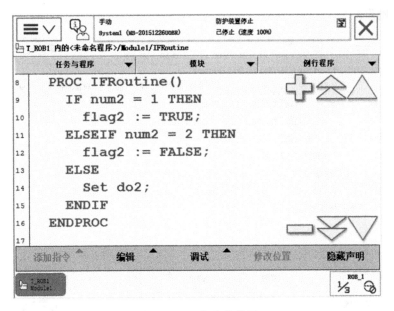

图 5-34　IF 指令的使用

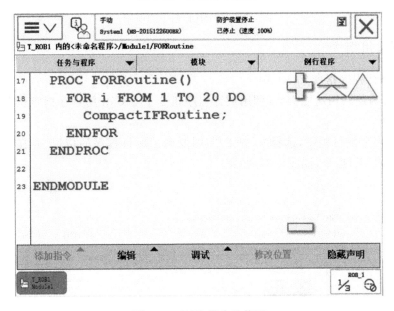

图 5-35　FOR 指令的使用

4）条件判断指令 WHILE

功能：条件判断指令 WHILE 主要用于在给定条件满足（条件表达式为真）的情况下，一直重复执行对应的指令（语句块）。一旦条件不满足（条件表达式为假），就不会执行语句块指令，循环结束，继续执行循环后续指令。

指令格式：

WHILE＜条件表达式＞DO

＜语句块＞

ENDWHILE

如图 5-36 所示，在"num3＞num4"条件满足的情况下，程序就会一直执行"num2：＝

num2＋1"的操作。

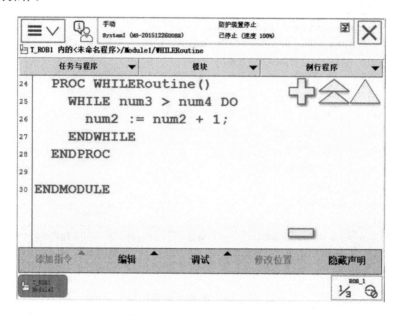

图 5-36　WHILE 指令的使用

5. 其他常用指令

1) 调用例行程序指令 ProcCall

和 C 语言函数调用功能类似,调用例行程序指令 ProcCall 用于在指定位置调用例行程序,其操作如下:

(1) 打开一个例行程序,选择"〈SMT〉",即要调用例行程序的位置,并在"添加指令"列表中选择"ProcCall"指令,如图 5-37 所示。

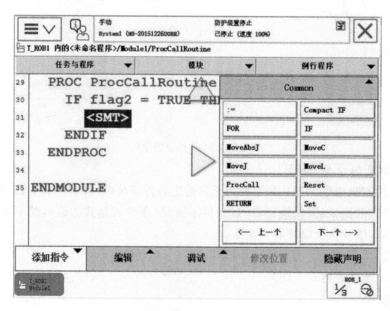

图 5-37　选择 ProcCall 指令

（2）在例行程序界面，选择要调用的例行程序，然后单击"确定"按钮，如图 5-38 所示。

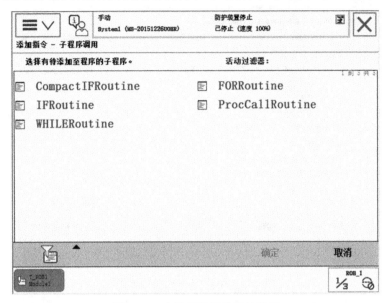

图 5-38　选择要调用的例行程序

（3）例行程序调用成功，如图 5-39 所示。

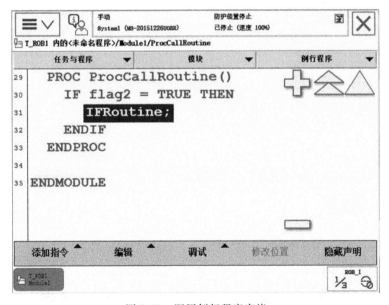

图 5-39　调用例行程序完毕

2）返回例行程序指令 RETURN

和 C 语言的"Return"调用功能类似，返回例行程序指令 RETURN 被执行时，则立刻结束本例行程序的执行，程序指针返回到调用此例行程序的位置，如图 5-40 所示。

3）时间等待指令 WaitTime

和 C 语言的"delay"延时指令类似，时间等待指令 WaitTime 主要用于程序在等待一个指定的时间后，再继续往下执行，如图 5-41 所示。

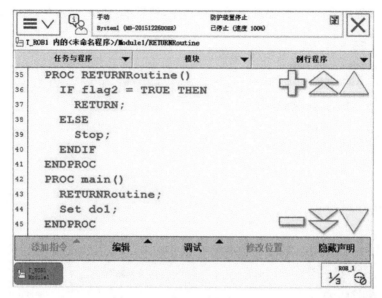

图 5-40　RETURN 指令的使用

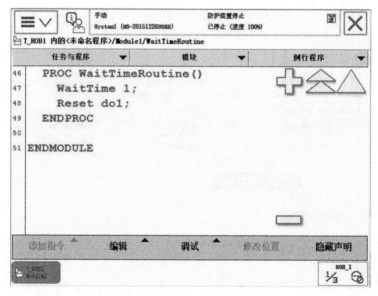

图 5-41　WaitTime 指令的使用

任务3　建立一个基本 RAPID 程序

在了解了 RAPID 程序的构成以及 RAPID 程序编程的相关操作和基本指令后,现在通过一个实例来体验一下 ABB 工业机器人的程序编辑。建立一个基本的 RAPID 程序的步骤如下:

(1) 确定 RAPID 程序需要多少个程序模块。

需要多少程序模块主要取决于实际应用情况的复杂性,可以根据实际需要,把各种不同的功能(逻辑控制、位置计算等)放到不同的程序模块当中,方便日后的程序管理。

(2)确定各个程序模块需要建立多少个例行程序。

在每个程序模块里,针对不同的功能(吸盘打开作业、吸盘停止作业、夹具打开、夹具关闭等),可分别建立各自的例行程序,方便程序之间的调用。

1. 建立 RAPID 程序实例

(1)单击左上角的主菜单按钮,打开 ABB 机器人的主菜单界面,单击"程序编辑器",如图 5-42 所示。

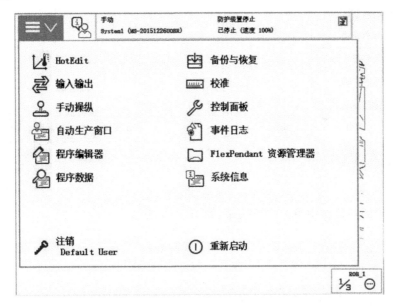

图 5-42　单击"程序编辑器"

(2)在弹出的对话框中单击"取消"按钮,如图 5-43 所示。

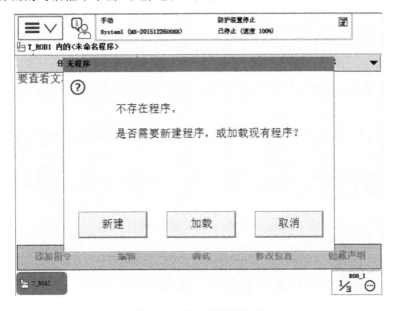

图 5-43　单击"取消"按钮

（3）单击"文件"菜单，在弹出的菜单中单击"新建模块..."，如图 5-44 所示。

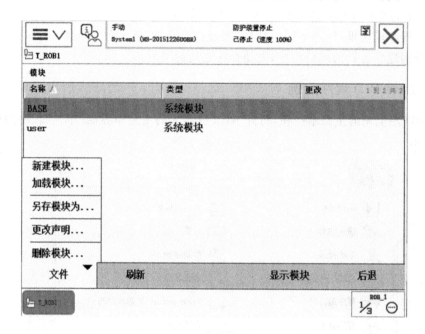

图 5-44　单击"新建模块..."

（4）在弹出的对话框中单击"是"按钮，如图 5-45 所示。

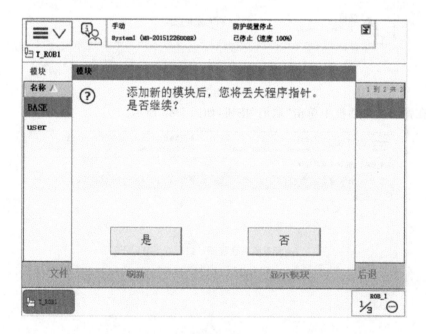

图 5-45　单击"是"按钮

（5）在"名称"一栏中，通过"ABC..."按钮，进行模块名称的设定，然后单击"确定"，如图 5-46 所示。

（6）选中"Module1"，然后单击"显示模块"，如图 5-47 所示。

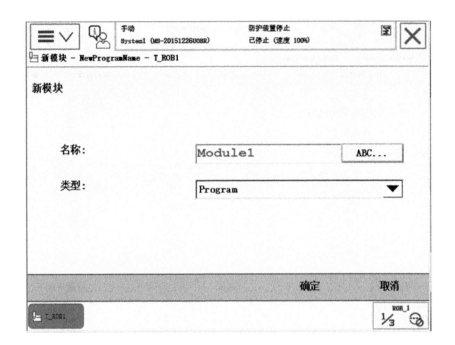

图 5-46　程序模块名称设定

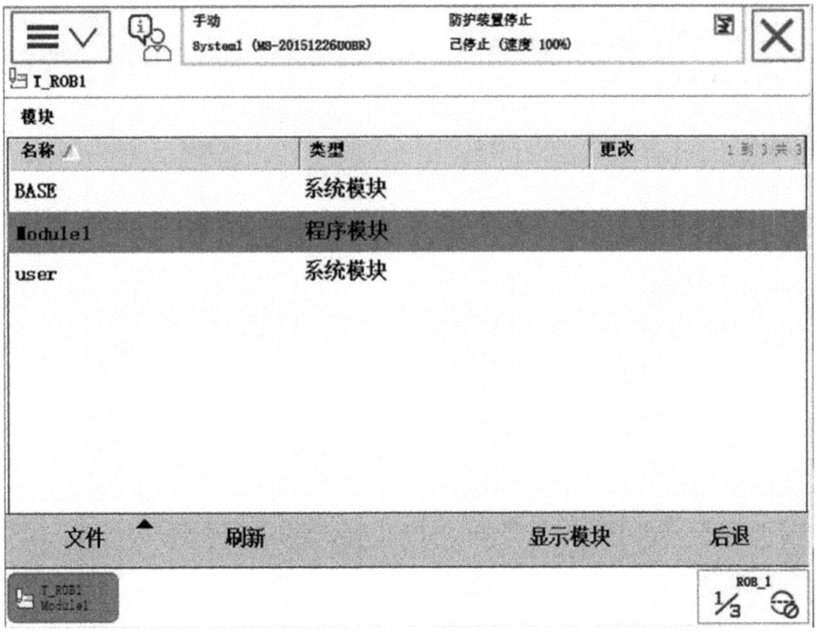

图 5-47　单击"显示模块"

（7）单击"例行程序"，进行 RAPID 例行程序的创建，如图 5-48 所示。

（8）在 Module1 模块界面，单击"文件"菜单，然后选择"新建例行程序..."，如图 5-49 所示。

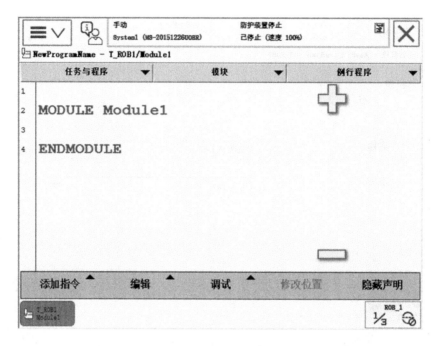

图 5-48 单击"例行程序"

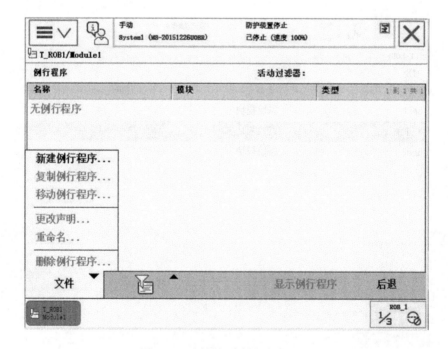

图 5-49 选择"新建例行程序..."

（9）首先创建一个主程序，并将其命名为"main"，然后单击"确定"按钮，如图 5-50 所示。

（10）在完成 main 主程序创建后，根据步骤（8）和步骤（9）依次建立相关例行程序：rMoveStart()、rInitial()、rMoveTask()，如图 5-51 所示。

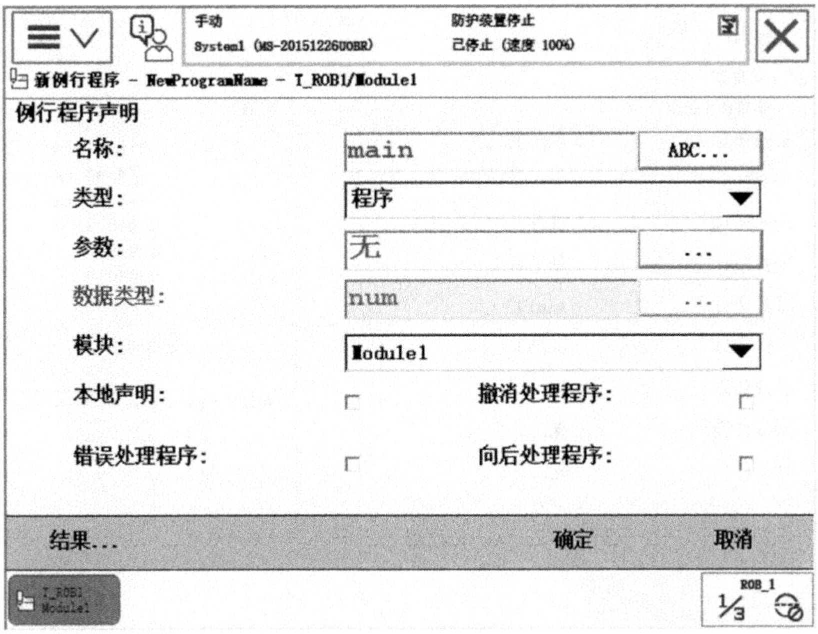

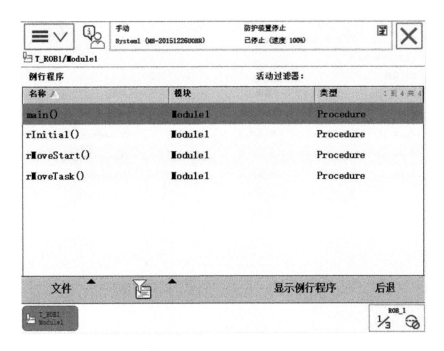

图 5-50　创建主程序

图 5-51　创建其他例行程序

（11）返回 ABB 主菜单，点击进入"手动操纵"界面，选择要使用的工具坐标系和工件坐标系，如图 5-52 所示。

（12）回到程序编辑器界面，单击"显示例行程序"按钮，点击选择"rMoveStart()"例行程序，如图 5-53 所示。

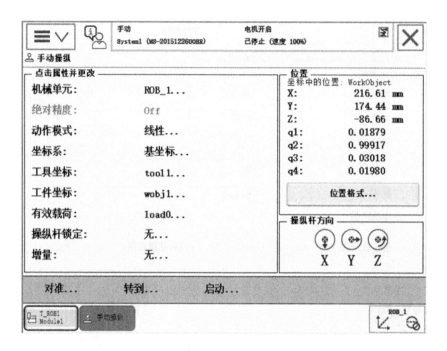

图 5-52　选择工具坐标系和工件坐标系

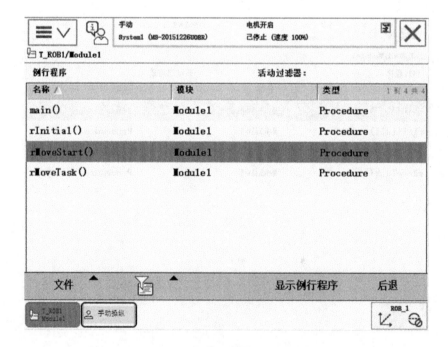

图 5-53　选择"rMoveStart( )"例行程序

（13）单击"添加指令"菜单，在窗口右边打开指令列表。

（14）在指令列表中选择"MoveJ"指令，如图 5-54 所示。

（15）关闭指令列表，双击"＊"程序点，进入指令参数修改界面，如图 5-55 所示。

（16）通过新建程序点或选择相应的参数数据（程序点），可以设定运行轨迹点的名称、

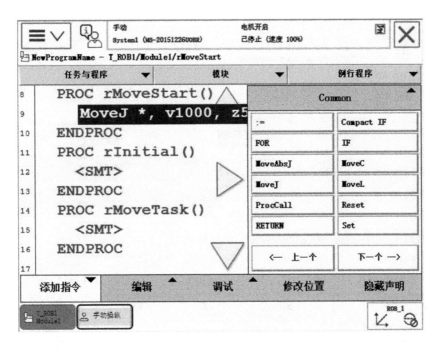

图 5-54　选择"MoveJ"指令

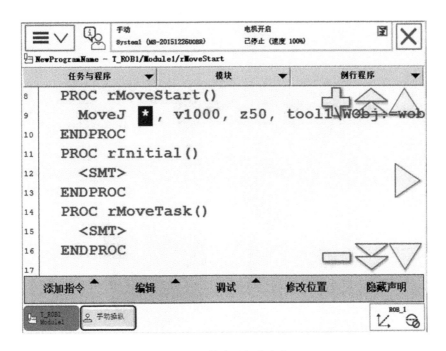

图 5-55　修改目标点名称

速度、转弯半径等数据，如图 5-56 所示。

　　（17）选择合适的动作模式，将机器人移至图 5-57 所示位置，作为机器人的空闲等待点或 Home 点（程序轨迹的起点）。

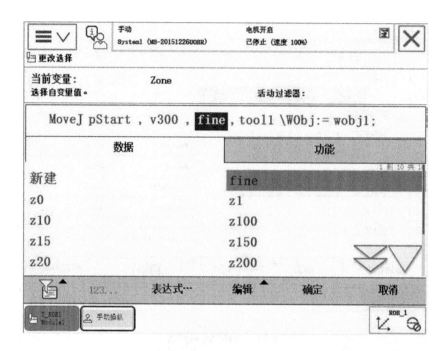

图 5-56　修改速度和转弯半径等程序数据

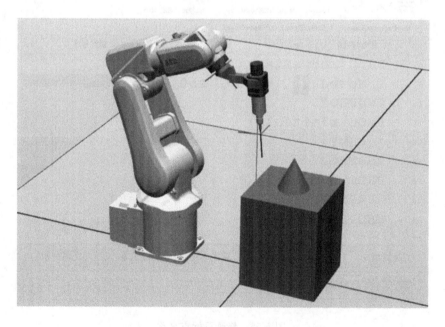

图 5-57　移动机器人到 Home 点(程序起点)

(18) 选中图 5-58 所示的指令行,单击"修改位置",将机器人当前位置记录下来。

(19) 单击"修改"按钮进行位置确认,如图 5-59 所示。

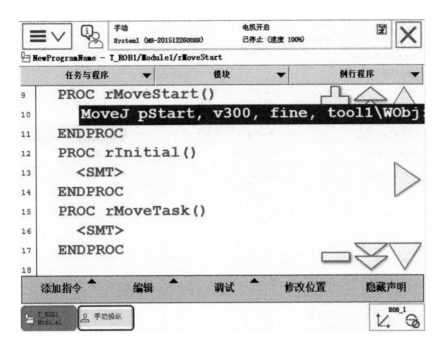

图 5-58　单击"修改位置"记录当前位置

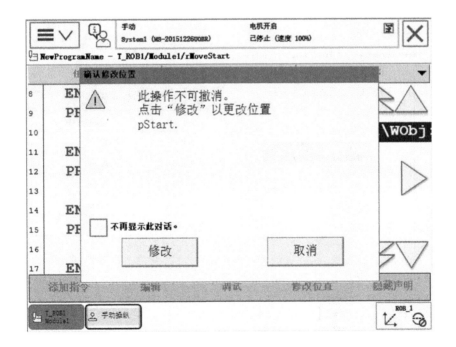

图 5-59　单击"修改"按钮进行位置确认

（20）单击"例行程序"，返回新建例行程序界面，选择"rInitial( )"例行程序，然后单击"显示例行程序"，如图 5-60 所示。

（21）在"rInitial( )"例行程序中，程序运行之前可以加入需要初始化的参数内容，如设定速度参数、加速度参数，或者进行 I/O 复位操作等，如图 5-61 所示。

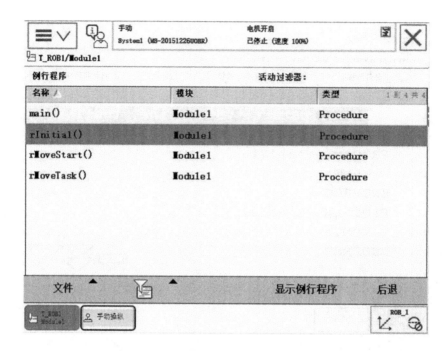

图 5-60　例行程序

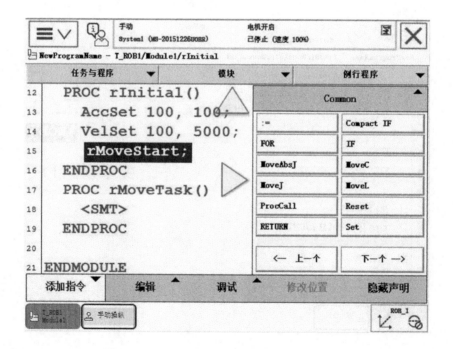

图 5-61　初始化程序界面

（22）与步骤(20)一样，单击"例行程序"，返回新建例行程序界面，选择"rMoveTask()"例行程序，然后单击"显示例行程序"。

（23）添加运动指令"MoveJ"，并将程序的各部分参数设置为合适的数值，如图 5-62 所示。

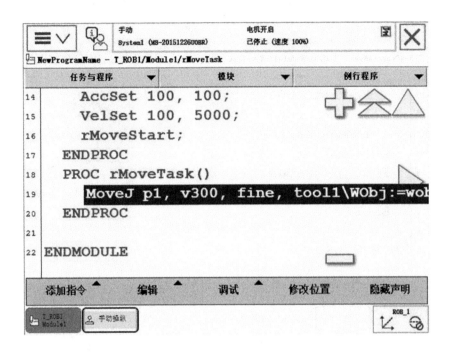

图 5-62　添加运动指令"MoveJ"

（24）手动操纵机器人，将机器人移动至图 5-63 所示位置，作为机器人的 p1 点。

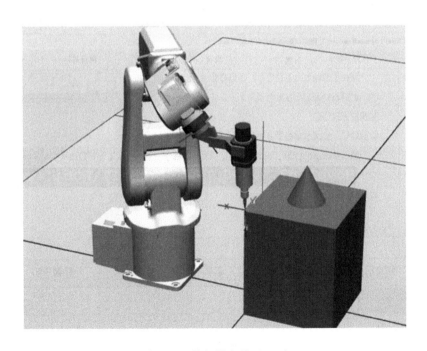

图 5-63　将机器人移至 p1 点

（25）选中 p1 程序点，单击"修改位置"，在随后弹出的界面中，单击"修改"按钮，将机器人当前位置记录到 p1 中，如图 5-64 所示。

（26）添加运动指令"MoveL"，并将程序中的参数设定为合适的数值，如图 5-65 所示。

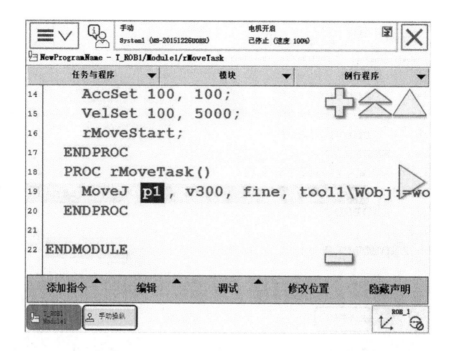

图 5-64　修改 p1 点位置

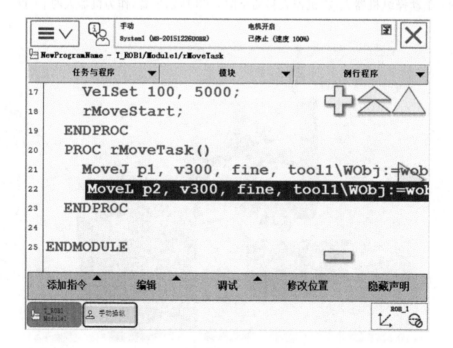

图 5-65　添加运动指令"MoveL"

（27）手动操纵机器人，将机器人移至图 5-66 所示位置，作为机器人的 p2 点。

（28）选中 p2 程序点，单击"修改位置"，在随后弹出来的界面中，单击"修改"按钮，将机器人的当前位置记录到 p2 点中，如图 5-67 所示。

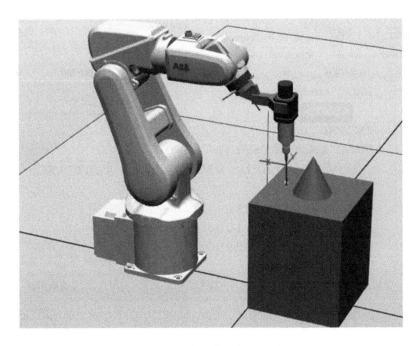

图 5-66 将机器人移至 p2 点

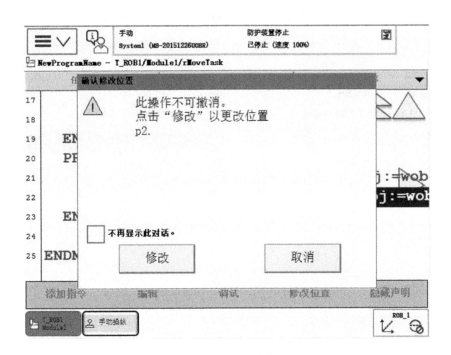

图 5-67 修改 p2 点位置

（29）单击"例行程序"，返回至新建例行程序界面（见图 5-60）。

（30）单击"main"主程序，然后单击"显示例行程序"，进行程序结构的设定，调用初始化例行程序"rInitial"，点击"〈SMT〉"选中程序行，再单击"添加指令"打开添加指令列表，选择"ProcCall"指令，如图 5-68 所示。

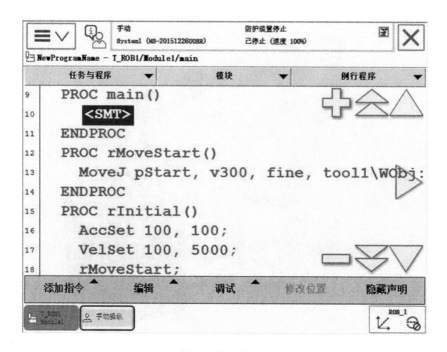

图 5-68　添加"ProcCall"指令

（31）单击"rInitial"例行程序，在弹出的对话框中，点击"确定"按钮，如图 5-69 所示。

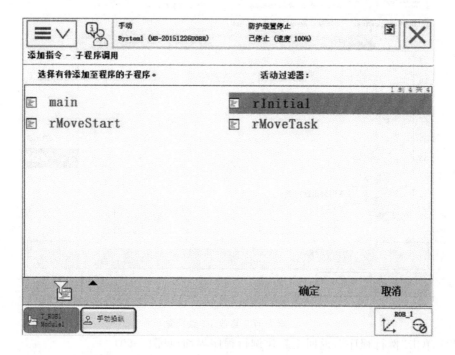

图 5-69　单击"rInitial"例行程序

（32）添加"WHILE"指令，并将条件设定为"TRUE"，如图 5-70 所示。

（33）添加"IF"指令，如图 5-71 所示。

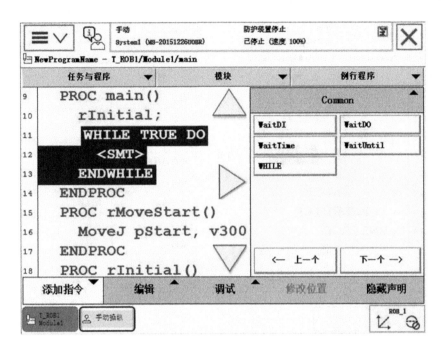

图 5-70　添加"WHILE"指令

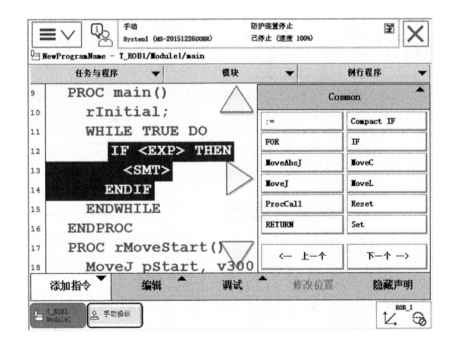

图 5-71　添加"IF"指令

（34）选用 IF 指令是为了判断 di1（输入口 1）的状态，当 di1＝1 时，才能继续执行 IF 指令后面的路径运动；选中"〈EXP〉"，并单击"编辑"，如图 5-72 所示。

（35）在弹出的界面中，单击"ABC..."按钮，输入"di1＝1"，然后单击"确定"。

（36）在 IF 指令下，选中"〈SMT〉"，然后单击"ProcCall"，依次调用例行程序

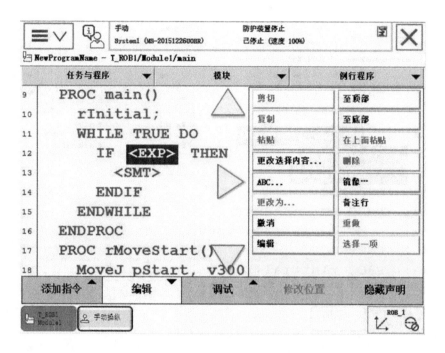

图 5-72　修改"IF"判断条件

"rMoveTask"和"rMoveStart",如图 5-73 所示。

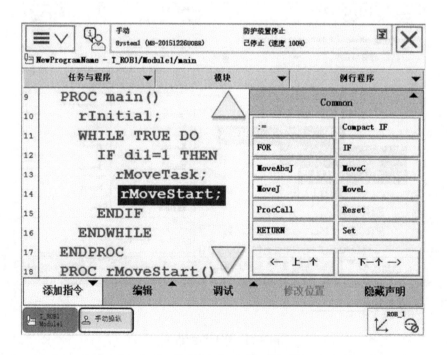

图 5-73　调用两个例行程序

（37）在 IF 指令下方添加"WaitTime"指令,值设定为 0.5,防止系统 CPU 过载,如图 5-74所示。

（38）单击"调试",打开程序调试菜单,如图 5-75 所示。

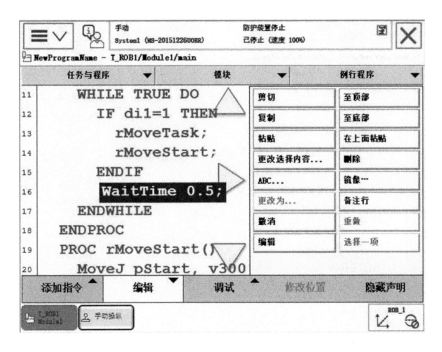

图 5-74　添加"WaitTime"指令

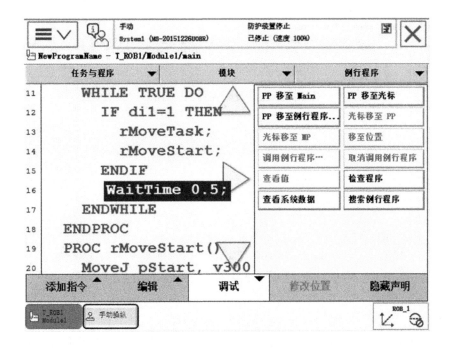

图 5-75　打开程序调试菜单

（39）单击"检查程序"，对程序的语法进行检查，如图 5-76 所示。

（40）单击"确定"按钮，完成程序语法检查。若有语法错误，系统会提示出错位置与建议操作，如图 5-77 所示。

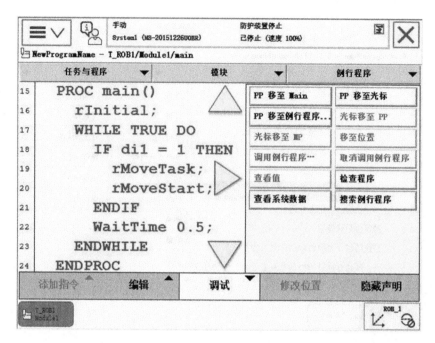

图 5-76　检查程序

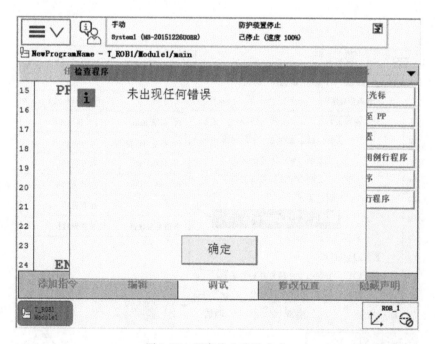

图 5-77　程序检查确认完成

至此,一个简单的 RAPID 程序就已经建立完成,接下来可以先进行手动调试,如果没有问题,程序就可以进行自动运行了。

2. 调试 RAPID 程序

在完成程序的编辑后,需要对程序进行调试,调试的目的主要有两个:一是检查程序中的位置点是否正确,二是检查程序的逻辑控制是否有不合理、不正确的地方。

1)调试 rMoveStart 例行程序

(1)在"程序编辑器"中打开"调试"菜单,选择"PP 移至例行程序...",如图 5-78 所示。

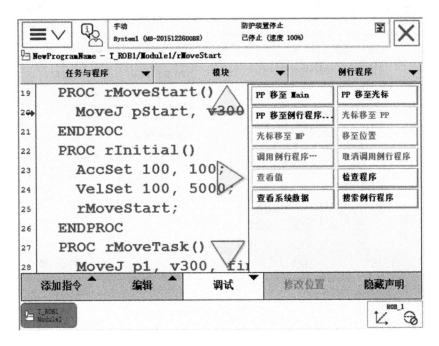

图 5-78　选择"PP 移至例行程序..."

(2)单击选中"rMoveStart"例行程序,并单击"确定"按钮,如图 5-79 所示。

图 5-79　选中"rMoveStart"例行程序

(3)半握示教器的使能按钮,进入"电机开启"状态,按下示教器面板上的单步向前按键,当小机器人的图标指向"pStart"行、程序指针指向下一行时,说明机器人已到达"pStart"点位置,如图 5-80 所示。

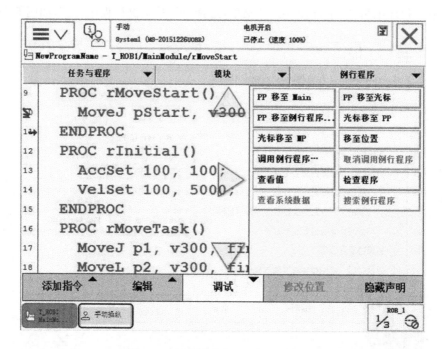

图 5-80 运行机器人至 pStart 点位置

(4)观察机器人的实际到达位置是否与用户定义的 pHome 点位置一致,如图 5-81 所示。

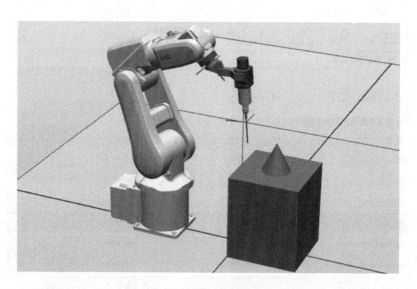

图 5-81 观察机器人的实际位置

2)调试 rMoveTask 例行程序

(1)打开程序调试菜单,单击"PP 移至例行程序...",如图 5-82 所示。

(2)单击选中"rMoveTask"例行程序,然后点击"确定",如图 5-83 所示。

(3)半握示教器的使能按钮,进入"电机开启"状态,按下示教器面板上的单步向前按

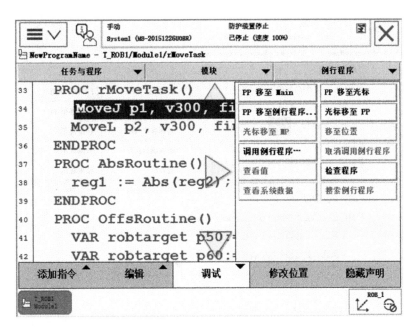

图 5-82　选择"PP 移至例行程序..."

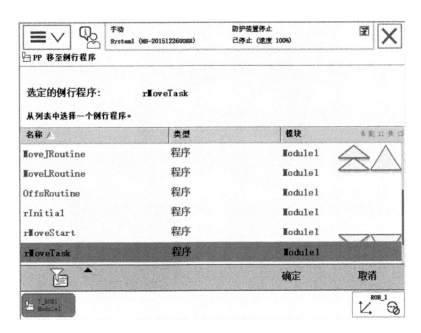

图 5-83　选中"rMoveTask"例行程序

键,当小机器人的图标指向"p2"行、程序指针指向下一行时,说明机器人已到达"p2"点位置,如图 5-84 所示。

（4）在进行单步调试的过程中,注意观察程序中的每一点的位置与实际的位置是否相符,如图 5-85 所示。

机器人 TCP 从 p1 到 p2 进行线性运动,此外,选中要调试的指令后,单击"PP 移至光标",可以将程序指针移至想要执行的程序指令,进行调试运行。注意,此功能只能将 PP 指针在同一个例行程序中跳转,如要将 PP 移至其他例行程序,可使用"PP 移至例行程序"功能。

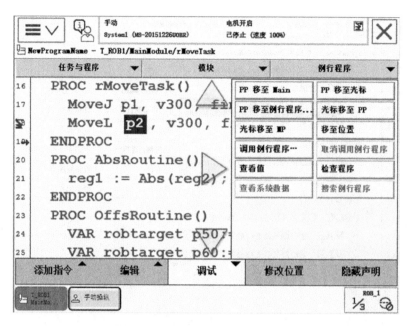

图 5-84　机器人运动到 p2 点

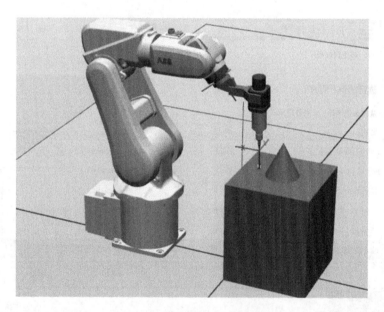

图 5-85　观察机器人的实际位置

3）调试 main 主程序

（1）打开程序调试菜单，单击"PP 移至 Main"，如图 5-78 所示。

（2）程序指针跳至主程序的第一行指令，按下示教器使能键，开启电动机，按一下"程序启动"按键，即可运行整个程序。观察机器人移动轨迹是否正确。若运行过程中需要停止机器人，应先按下"程序停止"按键，然后再松开使能键。

如图 5-86 所示，由于 main 主程序中要判断 di1 输入信号值是否为 1，程序一直停留在 IF 循环外。为了让程序继续运行，可以参考前面章节内容，将 di1 值强制设置为 1，保证程序的正常运行。

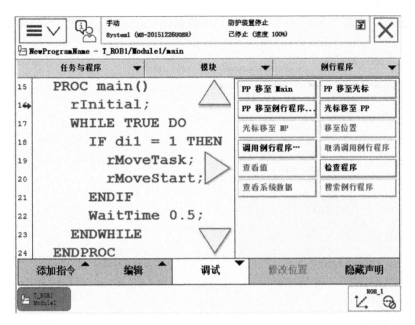

图 5-86　调试 main 主程序

3. 自动运行 RAPID 程序

在手动状态下，完成了机器人程序的调试后，可以将机器人投入自动运行状态。自动运行可按如下步骤进行操作。

（1）首先将状态钥匙旋至左侧的自动状态，如图 5-87 所示。

（2）在弹出的对话框中，依次单击"确认""确定"按钮，确认状态的切换，如图 5-88 所示。

图 5-87　状态钥匙

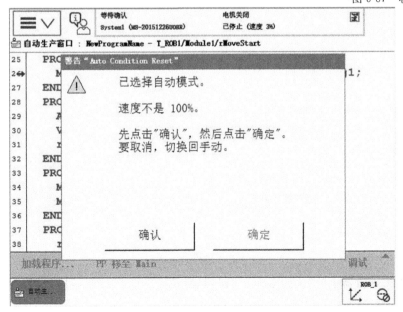

图 5-88　确认状态切换

（3）单击"PP 移至 Main"，将程序指针移至指向主程序的第一行指令，如图 5-89 所示。

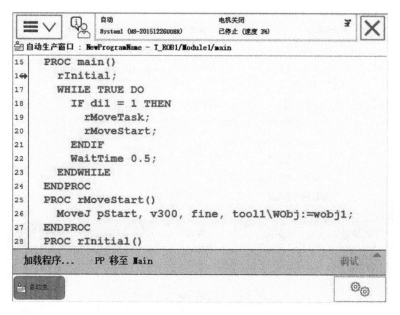

图 5-89　程序指针指向主程序第一行

（4）在弹出的对话框中，单击"是"按钮，确认移动 PP。

（5）按下控制柜上的白色控制按钮，使电动机处于开启状态（见图 5-87）。

（6）按下示教器上的"程序启动"按键，随着程序指针不断往下移动，机器人按照设定的运动轨迹自动运行，如图 5-90 所示。

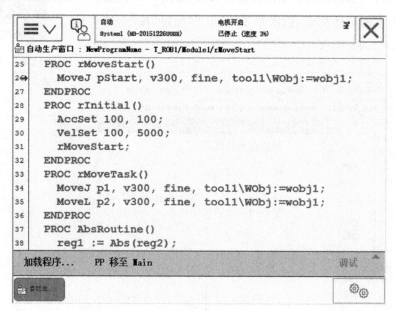

图 5-90　程序自动运行

此外，单击示教器上的"快捷菜单"按钮，然后单击"速度"按钮，可以设置程序中机器人运行的速度。

任务 4　特殊指令的使用

ABB 工业机器人使用的特殊指令主要包括：FUNCTION 功能指令、RAPID 程序特殊指令和中断程序指令。下面分别介绍三大类特殊指令的使用方法。

1. FUNCTION 功能指令

ABB 工业机器人 RAPID 程序中的 FUNCTION 功能类似于 C 语言的函数功能，功能指令在执行完后可以返回一个数值，使用功能指令可以有效地提高编程和程序执行的效率。

1) Abs()功能指令的使用方法

(1) 新建"AbsRoutine()"例行程序，打开"添加指令"列表，选择"：＝"赋值指令，如图 5-91 所示。

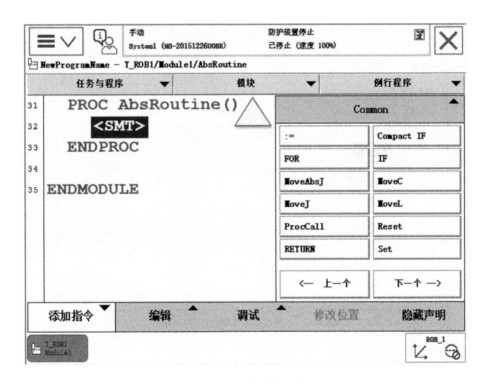

图 5-91　选择赋值指令

(2) 确定数据类型为 num，如果不是 num 数据类型，可将其更改为该数据类型，如图 5-92 所示。

(3) 选择数据列表中的"reg1"。

(4) 选择赋值指令后的"〈EXP〉"，并单击"功能"选项，如图 5-93 所示。

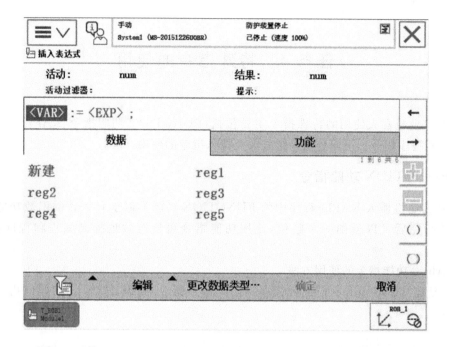

图 5-92　确定数据类型为 num

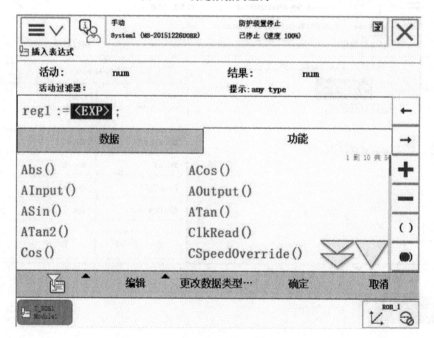

图 5-93　选择"〈EXP〉"

（5）在弹出的界面中选择"Abs()"功能，然后选择"reg2"，如图 5-94 所示。

（6）单击"确定"按钮，完成 Abs()功能的添加操作，如图 5-95 所示。

2）Offs()功能指令的使用方法

（1）新建"OffsRoutine()"例行程序，打开"添加指令"列表，选择"：＝"赋值指令。

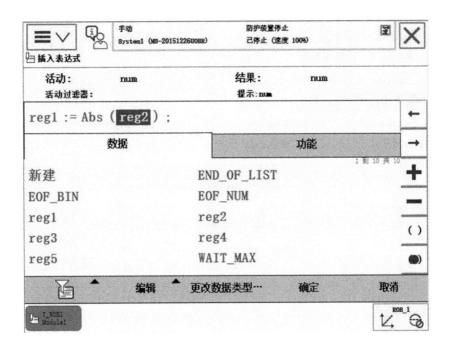

图 5-94　选择"reg2"

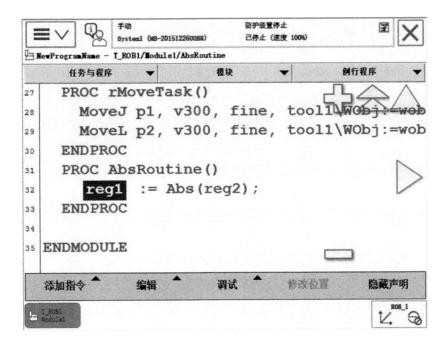

图 5-95　Abs()功能添加完成

（2）单击"更改数据类型"，选择"robtarget"数据类型，然后单击"确定"，如图 5-96 所示。

（3）单击"新建"，分别建立名称为 p50 和 p60 的变量，然后单击"确定"，如图 5-97 所示。

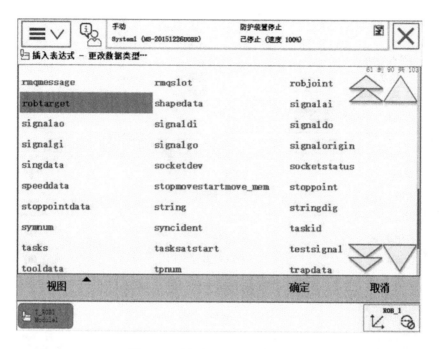

图 5-96 选择"robtarget"数据类型

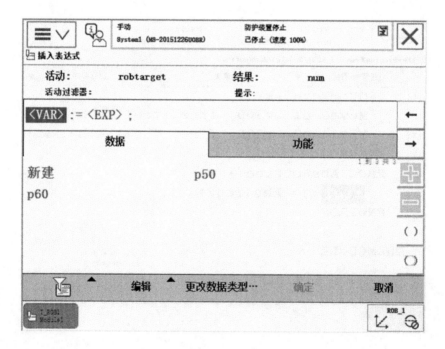

图 5-97 建立变量

（4）选择赋值指令后的"〈EXP〉"，单击"功能"选项，如图 5-98 所示。

（5）选择"Offs（）"功能，如图 5-99 所示。

（6）选择数据列表中的"p50"。

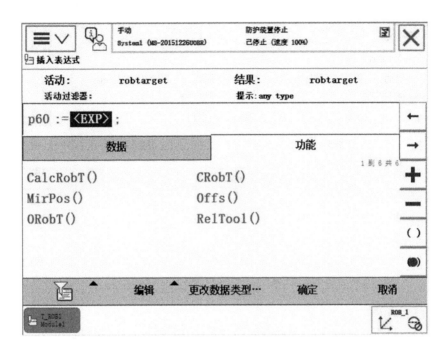

图 5-98 选择"〈EXP〉"

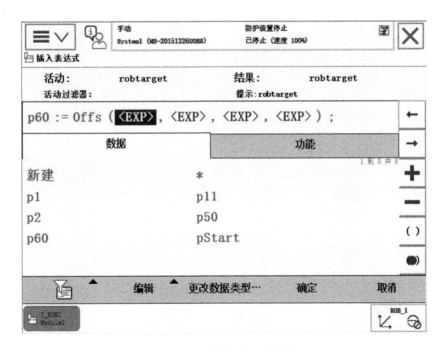

图 5-99 选择"Offs()"功能

（7）对后面三个"〈EXP〉"分别编辑输入 X、Y、Z 方向的偏移值 100 mm、200 mm、300 mm，如图 5-100 所示。

（8）单击"确定"按钮，完成 Offs()功能的添加操作，如图 5-101 所示。

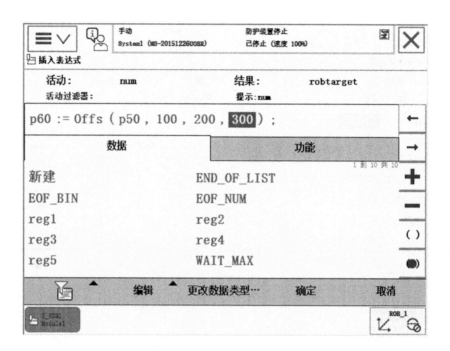

图 5-100　编辑 X、Y、Z 方向的偏移值

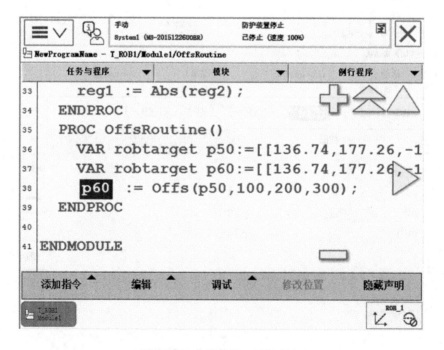

图 5-101　功能 Offs() 添加完成

2. RAPID 程序特殊指令及功能

1）TEST-CASE 分支循环指令

当一个变量有多种取值可能时，TEST-CASE 循环指令用于对一个变量进行判断，从而

执行不同的程序,TEST 指令主要用于测试变量的数值,根据变量值不同跳转到预定义的 CASE 分支中,达到执行不同程序的目的。如果没有找到预定义的 CASE 程序段,将会跳转到 DEFAULT 段,如图 5-102 所示。

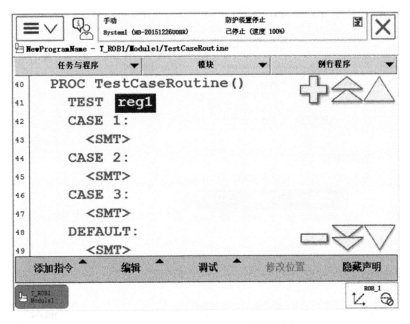

图 5-102 TEST-CASE 应用实例

2) GOTO 指令

GOTO 指令主要用于跳转到例行程序指定的标签位置,配合 Lable 指令(跳转标签)使用。在图 5-103 所示的 GOTO 指令应用实例中,执行 Routine2 程序过程中,当判断条件 di1 =1 满足时,程序指针会自动跳转到带跳转标签 rStart 的位置,开始执行 Routine3 程序。

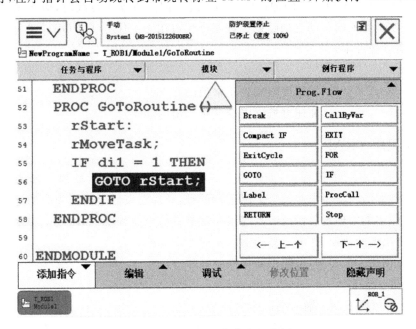

图 5-103 GOTO 指令应用实例

3）运动设定指令

（1）速度设定指令 VelSet。

VelSet 指令用于设定程序运行的最大速度和倍率。该指令仅可用于主任务 T_ROB1，在 MultiMove 系统中可用于运动任务中，如图 5-104 所示。

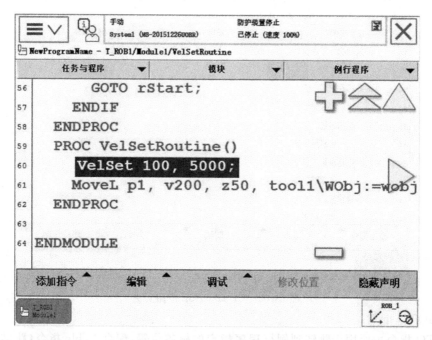

图 5-104　VelSet 指令应用实例

（2）加速度设定指令 AccSet。

AccSet 指令可定义机器人的加速度。当处理不同的机器人负载时，应当采用合适的机器人加速度，使机器人的移动更加顺畅。该指令仅可用于主任务 T_ROB1，在 MultiMove 系统中可用于运动任务中。

示例：

AccSet　50,100；　！加速度限制到正常值的 50%

AccSet　100,50；　！加速度坡度限制到正常值的 50%

3. 中断程序 TRAP

在机器人程序执行的过程中，如果发生需要紧急处理的情况，就要中断当前程序的执行，马上跳转到专门的程序中对紧急情况进行处理，处理结束后返回至中断的地方继续向下执行程序，专门用来处理紧急情况的专门程序就被称为中断程序（TRAP）。中断程序经常用于处理运行中出现的错误、外部信号的响应实时要求高的场合。

下面通过创建一个实例，说明中断程序的操作方法。

程序要求：

（1）在正常情况下，di1 输入端口的信号为 0；

（2）如果 di1 端口信号从 0 变为 1 时，就对变量 reg2 数据进行加 1 操作。

创建整个中断程序的步骤如下：

（1）创建一个名称为"TrapRoutine"的中断程序，在"类型"中选择"中断"，然后单击"确定"，如图 5-105 所示。

图 5-105　创建中断程序

（2）在新建的中断程序中添加赋值指令，格式为"reg2：= reg2＋1;"，如图 5-106 所示。

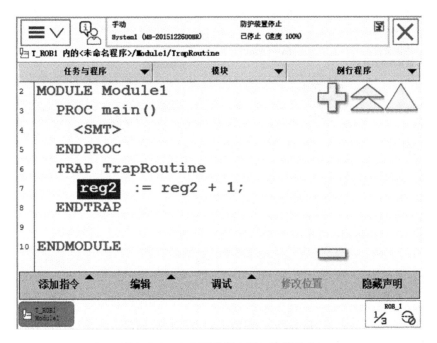

图 5-106　在中断程序中添加赋值指令

（3）在 main 主程序中添加取消中断指令"IDelete"，如图 5-107 所示。

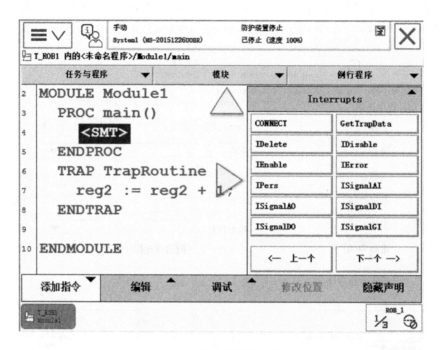

图 5-107　添加取消中断指令

（4）在"IDelete"中选择"intno1"，如果没有，就新建一个，如图 5-108 所示，然后单击"确定"。

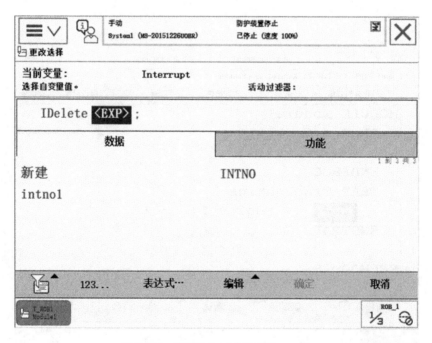

图 5-108　在"IDelete"中选择"intno1"

（5）添加"CONNECT"指令，连接一个中断符号到中断程序，如图 5-109 所示。

（6）双击"〈VAR〉"设定连接目标，如图 5-110 所示。

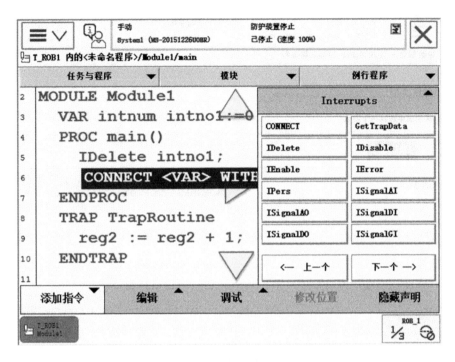

图 5-109 添加"CONNECT"指令

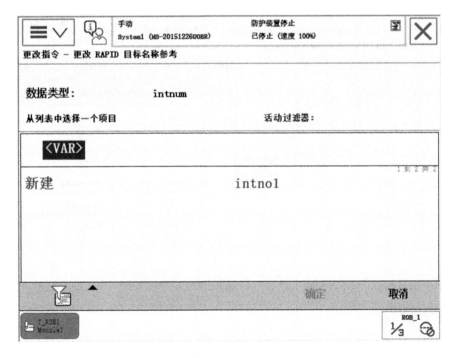

图 5-110 设定连接目标

（7）选择"intno1"，然后单击"确定"，如图 5-111 所示。

（8）双击"〈ID〉"设定需连接的中断程序，如图 5-112 所示。

（9）在弹出的界面中选择要关联的中断程序"TrapRoutine"，然后单击"确定"。

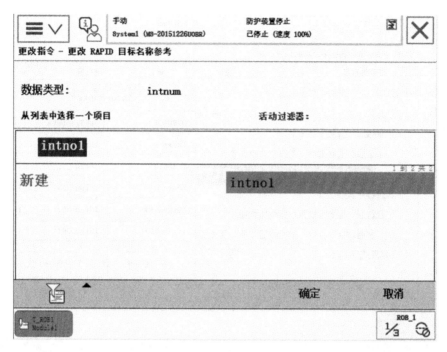

图 5-111　连接"intno1"

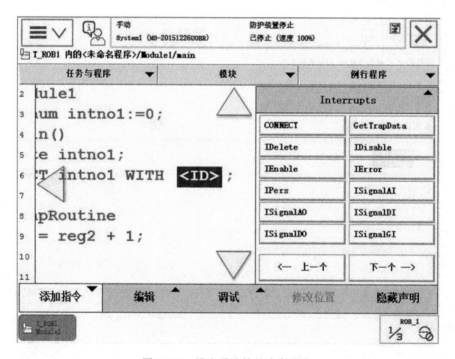

图 5-112　设定需连接的中断程序

（10）添加触发中断信号指令"ISignalDI"，如图 5-113 所示。

（11）选择触发中断信号"di1"，如图 5-114 所示。

（12）如果启用 ISignalDI 中的"Single"参数，则此中断只会响应一次，如图 5-115 所示。

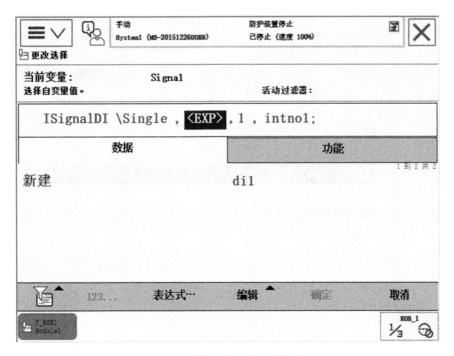

图 5-113   添加触发中断信号指令

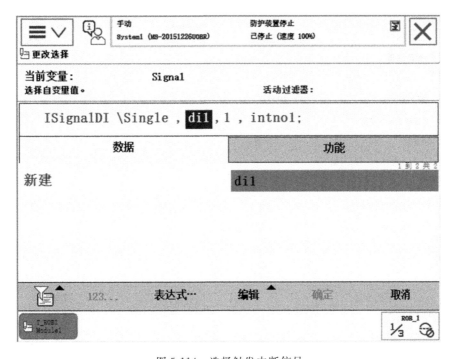

图 5-114   选择触发中断信号

如果需要重复不断响应,则需要去掉这个参数。

（13）如果需要取消 Single 参数,可按照下面的步骤操作,先选择"ISignalDI",然后单击"可选变量"进入选择更改变量界面,如图 5-116 所示。

工业机器人编程与应用

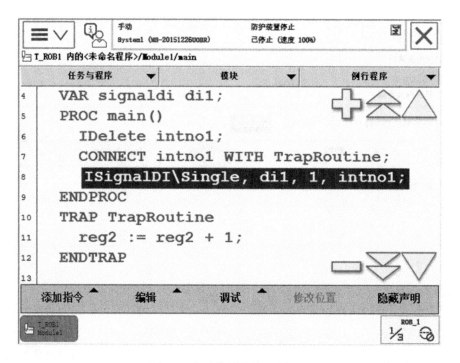

图 5-115　启用 Single 参数

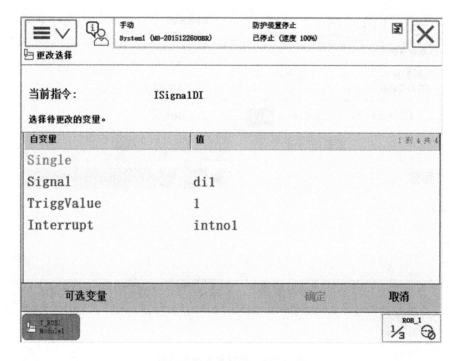

图 5-116　单击"可选变量"

（14）单击"\Single"进入设定界面，如图 5-117 所示。

（15）选择"\Single"，然后单击"未使用"，再单击"关闭"，如图 5-118 所示。

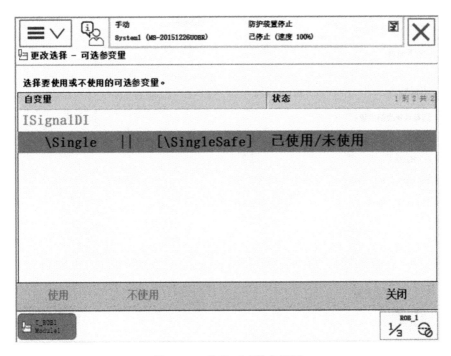

图 5-117　"\Single"设定界面

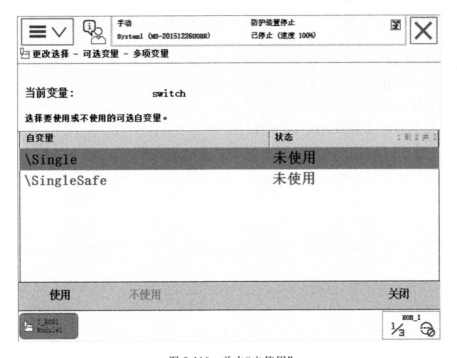

图 5-118　单击"未使用"

（16）设定完成后，单击"确定"，如图 5-119 所示。

以上实例把中断程序的设置放在主程序中，如果不需要在程序中对该中断程序进行调用，定义中断触发条件的诧句一般放在初始化程序中。当程序启动运行完一次中断触发条

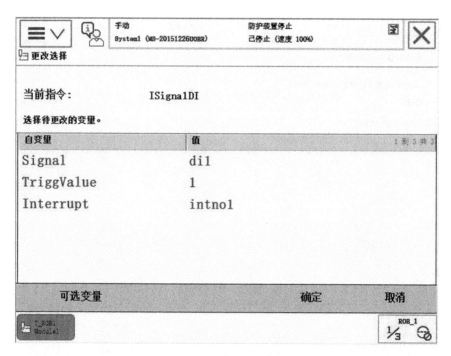

图 5-119　中断程序设定完成

件的指令后,则进入了中断的扫描和监控中,当输入数字信号 di1 由 0 变为 1 时,则触发了机器人的中断程序。运行完成之后,指针返回至触发该中断的程序位置继续往下执行。

思考与实训

1. 思考 RAPID 程序的概念与构成。

2. 进行简单 RAPID 程序的建立。

3. 进行 RAPID 程序的调试与自动运行。

项目6　ABB机器人基础编程应用

学习目标
学习机器人相关指令。

知识要点

(1) 机器人的典型应用；
(2) 用机器人的相关指令编写典型应用程序；
(3) 机器人程序调试。

训练项目

(1) 工业机器人轨迹应用实例；
(2) 工业机器人搬运应用实例。

任务1　工业机器人轨迹应用实例

1. 任务要求

如图6-1所示，要求使用ABB的IRB1410机器人完成汽车后挡风玻璃的涂胶任务。

图6-1　涂胶机器人工作站

随着自动化技术的发展，汽车装配的自动化程度逐步提高。汽车装备的高自动化、高柔性、高智能是整个汽车装备制造业和汽车工业发展的方向。汽车挡风玻璃的安装是汽车总成的一道重要工序，挡风玻璃的安装质量直接影响到整车的密封性和驾驶员的安全性，是汽车质量的一项重要指标。

为了提高汽车挡风玻璃的安装智能化水平和质量,在玻璃的涂胶过程中可以采用工业机器人系统。整个系统由机器人系统、供胶系统、工作台、控制系统等组成。采用该系统设备具有生产节奏快、工艺参数稳定、产品一致性好、生产柔性大等优点。

2. 知识技能准备

1) 涂胶系统的认识

涂胶系统是一种以压缩空气为动力源,通过压强比的不同,最终将密封胶以较大的压力输送到操作工位的整套设备。涂胶系统包括供胶泵、温控系统、计量泵、胶管、胶枪等部分。其中:供胶泵实现系统的供胶;温控系统控制胶的温度,保持恒温供胶,从而保证胶的黏性;供胶量由计量泵控制。另外,系统采用双泵供胶,双泵循环工作,避免了工作过程中供胶泵故障和单个胶桶用完后更换胶桶引起的停线现象,可以大大节省装配时间,提高装配效率。

2) 运动指令的回顾

(1) 绝对位置运动指令(MoveAbsJ)。采用绝对位置运动时机器人的运动使用六个轴和外轴的角度值来定义目标位置数据。

MoveAbsJ常用于使机器人六个轴回到机械零点的位置。

(2) 关节运动指令(MoveJ)。关节运动是指在对路径精度要求不高的情况下,机器人的工具中心点TCP从一个位置移动到另一个位置,两个位置之间的路径不一定是直线。关节运动示意图如图6-2所示。

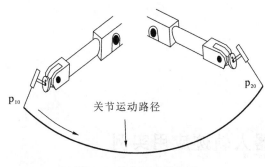

图 6-2 关节运动示意图

关节运动指令适合在机器人大范围运动时使用,可避免在运动过程中出现关节轴进入机械死点的问题。

(3) 线性运动指令(MoveL)。线性运动时,机器人的TCP从起点到终点之间的路线始终保持为直线。一般在对路径要求高的场合(如焊接、涂胶等)使用此指令。线性运动示意图如图6-3所示。

(4) 圆弧运动指令(MoveC)。圆弧运动要在机器人可到达的空间范围内定义三个位置点,第一个点是圆弧的起点,第二个点用于控制圆弧的曲率,第三个点是圆弧的终点。圆弧运动示意如图6-4所示。

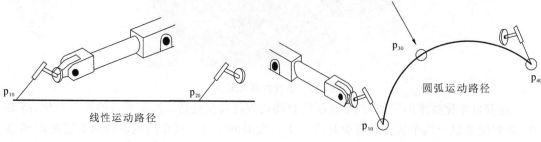

图 6-3 线性运动示意图　　　　　　　图 6-4 圆弧运动示意图

3. 任务分析

1) 涂胶运动轨迹设计

涂胶机器人在汽车后挡风玻璃的涂胶过程中,需要预设涂胶轨迹,以便机器人的胶枪可以沿着预设的涂胶轨迹运行。涂胶机器人的运动轨迹是:机器人首先复位到起始位置点,在机器人的胶枪到达涂胶路径上的开始位置时开启胶枪,启动涂胶系统,开始进行涂胶操作,随着胶枪沿着预设的涂胶轨迹运动,胶枪进行涂胶,在到达涂胶预设轨迹结束位置时,关闭涂胶系统,结束涂胶。机器人的涂胶运动轨迹流程如图 6-5 所示。

2) 轨迹示教特征点

在轨迹类示教编程过程中需要示教大量的目标点,以便满足实际的工艺轨迹要求。同时,示教目标点的时候要尽量调整工具姿态,使得工具 Z 轴方向和工件表面保持垂直。

(1) 涂胶起始点。

机器人在正前方的工作区域比较大时,一般应避开选取正前方的点作为起始或结束点,防止机器人在此区域产生死点或奇点。

(2) 涂胶轨迹点。

涂胶轨迹上的目标点沿轨迹进行示教,保证机器人运动轨迹与涂胶轨迹吻合。

(3) 涂胶起始接近点。

在机器人轨迹运动过程中,需要在接近涂胶起始点的位置设置一个接近点,一般选取涂胶起始点正上方的点。

(4) 涂胶结束点。

涂胶轨迹结束时需要关闭胶枪,让胶枪离开工作区域。汽车挡风玻璃的涂胶轨迹为封闭的轨迹,故结束点就是起始点,以达到涂胶的密封性工艺要求。

(5) 涂胶结束离开点。

涂胶结束离开点可以和涂胶起始接近点重合。

(6) 工作原点。

机器人工作原点是系统运行时的起始复位位置或结束后的复位位置,可自由选取,但要注意避开各轴的零点位置。

图 6-5 机器人涂胶运动轨迹流程

4. 任务实施

1) 涂胶机器人的 I/O 配置

机器人涂胶工作站系统采用 ABB 机器人标配的 DSQC652 型 I/O 通信板卡,该型号的 I/O 通信板卡包含数字量的 16 个输入和 16 个输出。该 I/O 单元的相关参数需要在 Unit 板中设置,Unit 板参数配置如表 6-1 所示。

表 6-1　Unit 板参数配置

Name	Type of Unit	Connected to Bus	Device Net Address
Board10	D652	Device Net1	10

在该工作站需要配置 1 个数字输出信号 doGlue,用于控制开启胶枪的动作;1 个数字输入信号 diGlueStart,用于启动涂胶,如表 6-2 所示。

表 6-2　I/O 信号参数配置

Name	Type of Signal	Assigned to Unit	Unit Mapping
doGlue	Digital Output	Board10	0
diGlueStart	Digital Input	Board10	0

2）创建工具、工件坐标数据

略。

3）编程

（1）确定需要多少个程序模块；

（2）确定各个程序模块中要建立的例行程序,不同功能的例行程序放到不同的程序模块中；

（3）编写程序并示教涂胶轨迹特征点。

4）调试

（1）检查程序的位置点是否正确；

（2）检查程序的逻辑控制是否有不完善的地方。

任务 2　工业机器人搬运应用实例

1. 任务要求

ABB 机器人在搬运方面有很多成熟的解决方案,采用机器人搬运可大幅提高生产效率、节省劳动力成本、提高定位精度并降低搬运过程中的产品损坏率。

本工作站以太阳能电池板的搬运为例,利用 IRB120 机器人在流水线上拾取太阳能电池板工件,并完成电池板的码垛任务。

2. 知识技能准备

1）常用 I/O 控制指令

（1）Set 数字信号置位指令用于将数字输出（Digital Output）置位为"1"。

（2）Reset 数字信号复位指令用于将数字输出（Digital Output）置位为"0"。

（3）WaitDI 数字输入信号判断指令用于判断数字输入信号的值是否与目标一致。

（4）WaitDO 数字输出信号判断指令用于判断数字输出信号的值是否与目标一致。

（5）WaitUntil 信号判断指令可用于布尔量、数字量和 I/O 信号值的判断,如果条件到达指令中的设定值,程序继续往下执行,否则就一直等待,除非设定了最大等待时间。

2）条件逻辑判断指令

（1）Compact IF 紧凑型条件判断指令用于当一个条件满足了以后,就执行一句指令。

（2）IF 条件判断指令用于根据不同的条件去执行不同的指令。判定的条件数量可以根据实际情况进行增加与减少。

（3）FOR 重复执行判断指令用于一个或多个指令需要重复执行数次的情况。

（4）WHILE 条件判断指令用于在给定条件满足的情况下,一直重复执行对应的指令。

3. 任务分析

工作站码垛程序的设计要求为:逻辑性判断程序写在主程序之中,不同功能的运动程序单独放在例行程序内。搬运机器人的工作流程如图 6-6 所示。

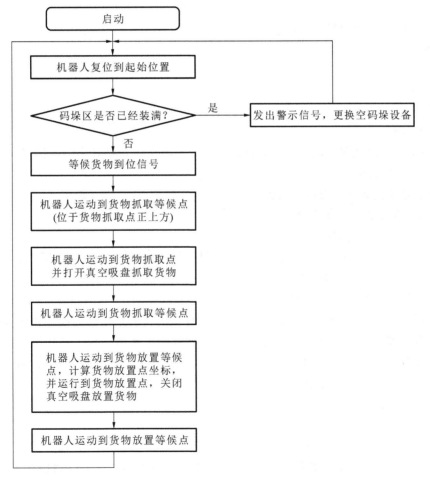

图 6-6　搬运机器人运动轨迹流程

1）码垛区货物数量统计

码垛设备每次能堆垛的货物数量是有限的,机器人系统在调用搬运程序前需要确认码垛区的货物数量。如果货物数量达到上限值,应该立即停止这个搬运工作站,并发出警示。搬运流水线的上位机收到警示信号进行码垛设备的自动更换操作,或者基于人工操作的方式更换码垛设备。

码垛区货物数量的判断程序应该写在 Main() 主程序中,主程序结构示例如下:

```
VAR num PutedNO;
VAR signaldo do_Full;
VAR signaldi di_Start;
CONST robtarget Pwait;
PROC Main()
Initial;
WaitDI di_Start,1;
WHILE TRUE DO
MoveJ Pwait,v200,z50,tool1;
IF PutedNO<=9 THEN
RobotMOVE;
PutedNO:= PutedNO+1;
ELSE
SET do_FULL;
END IF
END WHILE
ENDPROC
```

注意:上述程序预置的码垛区放置货物数量的上限为9,可结合实际工程需求进行设置。

2) 货物堆垛逻辑程序

货物的堆垛过程通常有以下三种形式:

(1) 在 XY 平面上平铺摆放;

(2) 在 Z 轴方向叠加摆放;

(3) 首先在 XY 平面上平铺,货物铺满一层后再进行 Z 轴方向的第二层叠加。

3) 机器人运动中间点的选择

机器人的运动程序 RobotMOVE 中,机器人在货物抓取点和放置点的正上方,分别设置了抓取等候点 Ppick0 和放置等候点 Pplace0。这样做的目的是保证机器人在抓取或者放置货物时沿着 Z 轴方向竖直运行,避免机器人、手爪、货物在搬运过程中对其他设备产生干涉或者发生碰撞。实际工程中如果 Ppick0 和 Pplace0 之间还有其他设备存在,则机器人需要选择更多的运动中间点以规划合理的避障运动路线。

4. 任务实施

1) 搬运机器人的 I/O 配置

机器人搬运工作站系统采用 ABB 机器人标配的 DSQC652 型 I/O 通信板卡,该型号的 I/O 通信板卡包含数字量的 16 个输入和 16 个输出。该 I/O 单元的相关参数需要在 Unit 板中设置,Unit 板参数配置如表 6-3 所示。

表 6-3　Unit 板参数配置

Name	Type of Unit	Connected to Bus	Device Net Address
Board10	D652	Device Net1	10

表 6-4 列出了搬运工作站的 I/O 信号参数配置。在此工作站中需要配置 3 个数字输入信号：di_Start，用于控制机器人启动；di_arrived，用于检测输送流水线上的货物到位信号；di _vacuumed，用于接收数显压力开关的触点信号，检测货物是否夹紧。2 个数字输出信号：do _vacuum，用于控制真空阀；do_FULL，用于警示码垛设备已经装满。

表 6-4　I/O 信号参数配置

Name	Type of Signal	Assigned to Unit	Unit Mapping
di_Start	Digital Input	Board10	
di_arrived	Digital Input	Board10	
di_vacuumed	Digital Input	Board10	
do_vacuum	Digital Output	Board10	
do_FULL	Digital Output	Board10	

2）创建工具、工件坐标数据

略。

3）编程

（1）确定需要多少个程序模块；

（2）确定各个程序模块中要建立的例行程序，不同功能的例行程序放到不同的程序模块中；

（3）编写程序并示教搬运轨迹特征点。

4）调试

（1）检查程序的位置点是否正确；

（2）检查程序的逻辑控制是否有不完善的地方。

思考与实训

1. 练习机器人搬运、涂胶操作中常用的 I/O 配置。

2. 练习工具数据、工件坐标数据、有效载荷数据等程序数据的创建。

3. 练习目标点示教操作。

项目7 ABB 机器人高级编程应用

学习目标

(1) 了解工业机器人装配工作站和涂胶工作站的组成；

(2) 学会装配工作和涂胶工作的 I/O 配置；

(3) 学会创建程序数据；

(4) 学会示教目标点；

(5) 学会机器人装配工作和涂胶工作的编程与调试。

知识要点

(1) 工业机器人的 I/O 配置方法；

(2) 创建工具/工件坐标数据；

(3) 机器人装配和涂胶路径优化。

训练项目

(1) 工业机器人装配应用实例；

(2) 工业机器人涂胶应用实例。

任务1 工业机器人装配应用实例

1. 任务要求

装配机器人是柔性自动化装配系统的核心设备之一，由工业机器人本体（操作机）、控制器、末端执行器和传感系统组成。其中：本体的结构类型有直角坐标型、关节型等；末端执行器为适应不同的装配对象而设计成各种手爪和手腕等；传感系统用来获取装配机器人与环境和装配对象之间相互作用的信息。

本任务是以装配机器人的应用实例为主线，学习和掌握装配机器人的分类、特点、系统组成和应用，掌握装配机器人的编程设计与示教实施方法。

2. 知识技能准备

1）装配机器人的分类与特点

装配机器人是指以工业机器人代替人工劳动进行零部件装配的一种机器人。装配机人是柔性自动化装配系统的核心设备,具备精度高、稳定性好、柔性好、质量高、动作反应快等特点。装配机器人的大量作业是轴与孔的装配,为了在轴与孔存在误差的情况下进行装配,应使机器人具有一定的柔性。在装配过程中,装配机器人主要完成零件搬运、定位及其连接、压装、紧固等操作。

通用的装配机器人大多采用 4 至 6 轴结构。若按运动形式分,目前市场上常见的装配机器人可分为直角坐标式装配机器人和关节式装配机器人。其中,关节式装配机器人又细分为水平串联多关节式、垂直串联多关节式和并联关节式等,如图 7-1 所示。

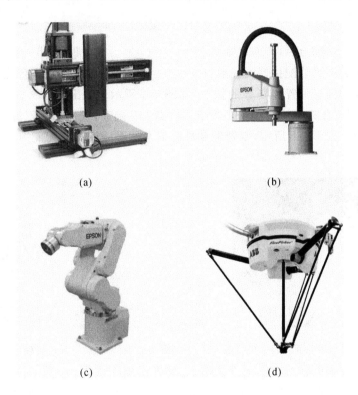

(a)　　　　　　　　　(b)

(c)　　　　　　　　　(d)

图 7-1　装配机器人

(a) 直角坐标式　(b) 水平串联多关节式(SCARA)　(c) 垂直串联多关节式　(d) 并联关节式

(1) 直角坐标式装配机器人。

直角坐标式装配机器人亦称直角式机械手,是以 XYZ 直角坐标系为基础控制模型的自动化设备,如图 7-2 所示。可用于零部件传递、运送、插入、旋拧、压合等作业,广泛运用于电气产品装配、节能灯装配、电子类产品装配等平面装配的场合。

(2) 关节式装配机器人。

关节式装配机器人可分为水平串联多关节式、垂直串联多关节式和并联关节式。

水平串联多关节式装配机器人亦称为平面关节型装配机器人或 SCARA 机器人,是目前装配生产线上应用数量最多的一类装配机器人,如图 7-3 所示。它属于精密型装配机器人,具有速度快、精度高、柔性好等特点,多用交流伺服电动机驱动,以保证其较高的重复定位精度。该类机器人广泛运用于电子、机械和轻工业等有关产品的装配,可适应工厂柔性化生产需求。

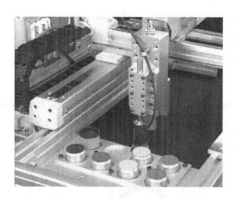

图 7-2　直角坐标式装配机器人　　　图 7-3　水平串联多关节式装配机器人

　　垂直串联多关节式装配机器人一般有 6 个自由度,可在空间任意位置确定任意位姿,一般进行三维空间的任意位置和姿势的作业,如图 7-4 所示。装配工作多需要其他机构或设备配合进行,所以近年来在垂直串联多关节式机器人基础上,发展出了双臂垂直串联式机器人用于装配作业。如图 7-5 所示,双臂配合具有更大的灵活度和装配能力,可完成更复杂的装配任务。

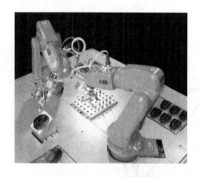

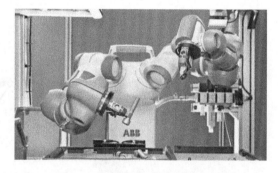

图 7-4　垂直串联多关节式装配机器人　　　图 7-5　双臂垂直串联式装配机器人

　　并联关节式装配机器人亦称拳头机器人、蜘蛛机器人或 Delta 机器人,是一款轻型、结构紧凑的高速装配机器人,可安装在任意倾斜角度上,如图 7-6 所示。独特的并联结构使机器人的精度更高,关节串联数少使执行速度更为快速。目前在装配领域,并联关节式装配机

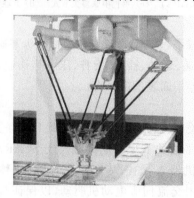

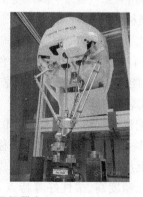

图 7-6　并联关节式装配机器人

器人主要有两种形式供选择:3 轴手腕(合计 6 轴)和 1 轴手腕(合计 4 轴)。综上所述,装配机器人系统具备以下特点:

① 能够实时调节生产节拍和末端执行器动作状态，以配合生产线生产；

② 可更换不同末端执行器以适应装配任务的变化，方便、快捷；

③ 能够与零件供给器、输送装置等辅助设备集成，实现柔性化生产；

④ 多带有传感器，如视觉传感器、触觉传感器、力传感器等，以保证装配任务的精准性。

2）装配机器人系统的组成

装配机器人系统通常由机器人本体、控制系统、装配系统（包括手爪、气体发生装置、真空发生装置或电动装置）、传感系统和安全保护装置等组成，如图 7-7 所示。

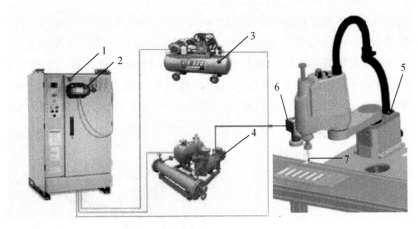

图 7-7　装配机器人系统的组成

1—机器人控制柜；2—示教器；3—气体发生装置；4—真空发生装置；
5—机器人本体；6—视觉传感器；7—气动工具

（1）装配机器人末端执行器。

装配机器人的末端执行机构是夹持工件移动或进行旋转等装配作业操作的一种夹具。常见的装配执行器有吸附式、夹钳式、专用式和组合式等，如图 7-8 所示。

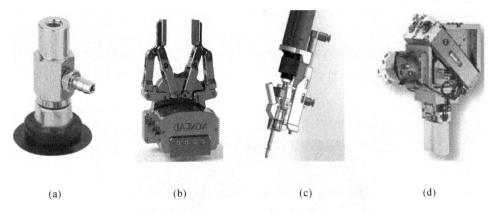

（a）　　　　　　（b）　　　　　　（c）　　　　　　（d）

图 7-8　装配机器人末端操作器

（a）吸盘（吸附式）　（b）柔性夹（夹钳式）　（c）自动锁丝机（专用式）　（d）钻头与夹子（组合式）

吸附式：吸附式末端执行器在装配中应用比较少，主要应用于电视、平板、玩具等轻小、表面平滑的物品装配场合。

夹钳式：夹钳式手爪是装配过程中最常用的一类手爪，多采用气动或伺服电动机驱动，配备传感器时可构成闭环控制，能实现准确手爪控制并对外部信号做出准确反应，具有质量轻、速度高、惯性小、灵敏度强、转动平滑、力矩稳定等特点。

专用式：专用式手爪是在装配中针对某一类装配场合而单独设定的末端执行器，且部分带有磁力，常见的主要是螺钉、螺栓等的装配，同样多采用气动或伺服电动机驱动。

组合式：组合式末端执行器在装配作业中是通过组合获得各单组手爪优势的一类手爪，灵活性较大。多在机器人进行相互配合装配时使用，可节约时间、提高效率。

（2）传感系统

装配机器人配合传感系统可以更好地完成销、轴、螺钉、螺栓等柔性化装配作业，在其作业中常用到的传感系统有视觉传感系统和触觉传感系统。

视觉传感系统：配备视觉传感系统的装配机器人可依据需要选择合适的装配零件，并进行粗定位和位置补偿，可完成零件平面测量、形状识别等检测，如图 7-9 所示。

触觉传感系统：装配机器人的触觉传感系统主要是时刻检测机器人与被装配物件之间的配合，机器人触觉可分为接触觉、接近觉、压觉、滑觉和力觉等五种。在装配机器人进行简单工作过程中常见到的有接触觉、接近觉和力觉等。图 7-10 所示为接触觉传感系统。

图 7-9　装配机器人视觉传感系统　　　图 7-10　接触觉传感系统

3. 任务分析与实施

1）任务分析

如图 7-11 所示的装配模块有两个支架和一大一小两个工件，机器人需要完成的任务是把物料支架上的大小工件放到组装支架上并完成组装，然后把组装支架上的大小工件拆解，还回到物料支架上。

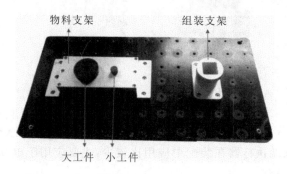

图 7-11　装配模块

2）机器人 I/O 信号配置

在此任务中，我们需要为机器人配置相应的 I/O 信号，以使外部 PLC 与机器人通信，从而控制机器人的启停与工作,同时通过机器人信号输出监控机器人的工作状态。

输入信号:将数字输入信号与装配工作站机器人系统的控制信号关联起来,通过输入信号的变化对系统进行控制(包括伺服启动、程序的启动、程序暂停等)。

输出信号:机器人系统的状态信号也可以与数字输出信号关联起来,将系统的状态变化输出给外围设备作为控制信号(包括原点位置、程序执行错误等)。

机器人与三菱 PLC 的 I/O 连接配置如表 7-1 所示。

表 7-1　机器人与三菱 PLC 的 I/O 连接配置

序号	PLC I/O	机器人 I/O	功能描述	备　注
1	Y0	DI01	机器人伺服接通	配置 Motors On
2	Y1	DI02	调用 Main 主程序	配置 Start at Main
3	Y2	DI03	机器人停止	配置 Stop
4	Y3	DI04	报警清除	配置 Reset Execution Error
5	X0	DO01	吸盘吸/放	
6	X1	DO02	抓手抓/放	
7	X2	DO03	工作完成信号	
8	X3	DO04	机器人运行中状态输出	配置 Motors On State
9	X4	DO05	机器人报警状态输出	配置 Execution Error

3) 创建工具坐标系数据

由于工件大小不一致,因此在装配过程中需要用到不同的末端执行器,此时,我们就需要为工具创建新的 TCP 坐标系数据,可采用 ABB 的六点法进行工具坐标的标定。通常 TCP 应该设置在工具不动点位置,以便于定位。例如双边夹子,应该将 TCP 设置在夹子末端和夹子中心线的交点处。

4) 机器人程序设计

(1)设计思路。

观察此装配任务的工作特点,由于动作和点位有些是重复的,我们可以把这些动作编成子程序,由主程序 Main 来调用,这样可以减少工作量。主要的子程序设置如下:

① 初始化程序"Initial";

② 组装子程序"ZZ";

③ 拆解子程序"CJ";

④ 夹具夹紧子程序"JJ";

⑤ 夹具松开子程序"SK";

⑥ 回原点 "Home"。

(2)作业流程。

装配作业流程如下:

上电启动—初始化—回原点—开始组装(从物料支架取大工件,放到组装支架大工件位;从物料支架取小工件,放到组装支架小工件位)—回原点—开始拆解(从组装支架取小工件,放到物料支架小工件位;从组装支架取大工件,放到物料支架大工件位)—回原点。

相应的装配作业流程图如图 7-12 所示。

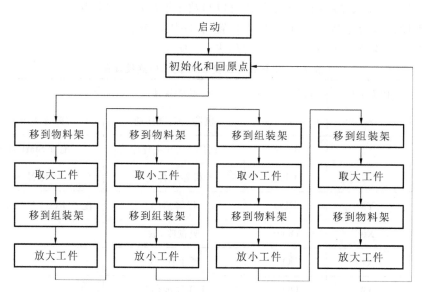

图 7-12 装配作业流程图

(3) 点位路径规划。

由作业流程我们可以得到控制要求如下:

① 夹具从原点移动到物料支架取大工件上方接近位置,然后下降到夹取点从物料支架上夹住大工件,提升合适距离;

② 大工件移动到组装支架放置位置的正上方接近位置,然后下降到放置位置,再松开夹具,提升合适距离退出;

③ 夹具运动到物料支架取小工件上方接近位置,然后下降到合适位置从物料支架上夹住小工件,提升合适距离;

④ 小工件移动到组装支架放置位置的正上方接近位置,然后移动到放置位置,松开夹具,提升合适距离;

⑤ 回到工作原点;

⑥ 夹具运动到组装支架取小工件上方接近位置,然后下降到合适位置从组装支架上夹住小工件,再提升合适距离;

⑦ 小工件移动到物料支架放置位置的正上方接近位置,然后移动到放置位置,再松开夹具,提升合适距离;

⑧ 夹具运动到组装支架取大工件上方接近位置,然后下降到合适位置从组装支架上夹住大工件,再提升合适距离;

⑨ 大工件移动到物料支架放置位置的正上方接近位置,然后移动到放置位置,再松开夹具,提升合适距离;

⑩ 回到工作原点。

机器人点位路径规划图如图 7-13 所示

列出机器人程序点配置如表 7-2 所示。

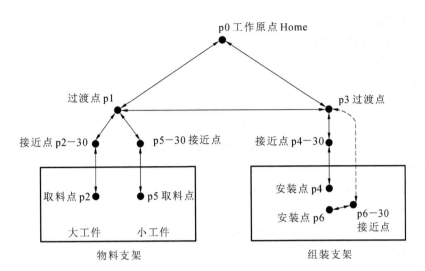

图 7-13 点位路径规划图

表 7-2 机器人程序点配置

序号	点序号	注　　释	备　　注
1	p0(Home)	机器人初始位置,机器人作业原点	需示教
2	p1	中间过渡点	需示教
3	p2－30	物料支架上大工件位置上方 30 mm	程序中定义
4	p2	物料支架上大工件位置	需示教
5	p3	中间过渡点	需示教
6	p4－30	组装支架上大工件位置上方 30 mm	程序中定义
7	p4	组装支架上大工件位置	需示教
8	p5－30	物料支架上小工件位置上方 30 mm	程序中定义
9	p5	物料支架上小工件位置	需示教
10	p6－30	组装支架上小工件位置上方 30 mm	程序中定义
11	p6	组装支架上小工件位置	需示教

4）示教与编程方式

采用在线示教方式为机器人搬运作业进行编程。在本工作站中,需要示教起点、过渡点、大工件和小工件的拾取点和放置点等,并定义相关的接近点和机器人参数。

5）编程与调试

编写机器人主程序和子程序,以下程序供参考。

```
PROC MAIN()
    INITIAL();(初始化子程序)
    HOME();(回原点子程序)
    ZZ();(组装子程序)
    CJ();(拆解子程序)
ENDPROC
```

主要的子程序：

（1）回原点及复位子程序：

PROC INITIAL()

AccSet　100,100;

VelSet　100,5000;

Reset　　DO1;　　　　//复位电磁阀,大工件夹具松开

Reset　　DO2;　　　　// 复位电磁阀,小工件夹具松开

ENDPROC

复位子程序又调用了回原点子程序：

PROC HOME()

MoveJ　p0,v500,fine ,tool0; //回原点

ENDPROC

（2）组装子程序：

PROC ZZ()

MoveJ　p2,v500,fine,tool0;　　　　　　　//机器人移到物料支架中间点

MoveJ　offs(p2, 0,0,30),v500,z50 ,tool0;//移到物料支架大工件上方 30 mm

MoveL　p2,v50,fine,tool0;　　　　　　//吸盘缓慢下降至大工件位置

JJ;　　　　　　　　　　　　　　　//调用夹具夹紧子程序,夹紧工件

MoveL　offs(p2, 0,0,30),v500,z50 ,tool0; //退回大工件上方

MoveJ　p1,v500,fine,tool0;　　　　　　//移到组装支架中间点

MoveJ　offs(p4, 0,0,30),v500,z50 ,tool0;//移到组装支架大工件上方 30 mm

MoveL　p4,v50,z50,tool0;　　　　　　//下降至组装支架上大工件位置

SK;　　　　　　　　　　　　　　//调用松开子程序,松开工件

MoveL　offs(p4, 0,0,30),v50,z50 ,tool0; //退至组装支架大工件上方 30 mm

MoveJ　p3,v500,fine,tool0;　　　　　　//移到组装支架中间点

MoveJ　p1,v500,fine,tool0;　　　　　　//机器人移到物料支架中间点

MoveJ　offs(p5, 0,0,30),v500,z50 ,tool0;//移到物料支架上小工件上方 30 mm

MoveL　p5,v50,fine,tool0;　　　　　　//吸盘缓慢下降至小工件位置

JJ;　　　　　　　　　　　　　　　//调用夹具夹紧子程序,夹紧工件

MoveL　offs(p5, 0,0,30),v50,z50 ,tool0; //退回上方

MoveJ　p1,v500,fine,tool0;　　　　　　//移到物料支架中间点

MoveJ　p3,v500,fine,tool0;　　　　　　//移到组装支架中间点

MoveJ　offs(p6, 0,0,30),v500,z50 ,tool0;//移到组装支架小工件右方 30 mm

MoveL　p6,v50,z50,tool0;　　　　　　//移至组装支架上小工件位置

SK ;　　　　　　　　　　　　　　//调用松开子程序,松开工件

MoveL　offs(p6, 0,0,30),v50,z50 ,tool0;//移到组装支架小工件右方 30 mm

MoveJ　p3,v500,fine,tool0;　　　　　　//移到组装支架中间点

Home;　　　　　　　　　　　　　//回原点

ENDPROC

PROC　JJ()　　　　　　　　//夹具夹紧子程序

```
Set DO1;
Set DO2;
WaitTime 0.3;
ENDPROC
PROC   SK()                                    //夹具松开子程序
Reset DO1;
Reset DO2;
WaitTime 0.3;
ENDPROC
```

(3) 拆解子程序:

```
PROC   CJ ()
MoveJ   p3,v500,fine,tool0;                      //移到组装支架中间点
MoveJ   offs(p6, 0,0,30),v500,z50 ,tool0;//移到组装支架上小工件位置右方
                                                 30 mm
MoveL   p6,v50,z50,tool0;                        //缓慢移至组装支架上小工件位置
JJ;                                              // 夹紧工件
MoveL   offs(p6, 0,0,30),v50,z50 ,tool0;         //移到组装支架上小工件位置右方
                                                 30 mm
MoveJ   p3,v500,fine,tool0;                      //移到组装支架中间点
MoveJ   p1,v500,fine,tool0;                      //机器人移到排列支架中间点
MoveJ   offs(p5, 0,0,30),v500,z50 ,tool0;//移到物料支架上小工件位置上方 30 mm
MoveL   p5,v50,fine,tool0;                       //吸盘缓慢下降至小工件位置
SK;                                              // 松开工件
MoveL   offs(p5, 0,0,30),v50,z50 ,tool0;         //返回放置点上方
MoveJ   p1,v500,fine,tool0;                      //机器人移到物料支架中间点
MoveJ   p3,v500,fine,tool0;                      //移到组装支架中间点
MoveJ   offs(p4, 0,0,30),v500,z50 ,tool0;        //移到组装支架上大工件位置上方
                                                 30 mm
MoveL   p6,v50,z50,tool0;                        //缓慢下降至组装支架上大工件位置
JJ;                                              // 夹紧工件
MoveL   offs(p4, 0,0,30),v50,z50 ,tool0;         //返回放置点上方
MoveJ   p3,v500,fine,tool0;                      //移到组装支架中间点
MoveJ   p1,v500,fine,tool0;                      //机器人移到物料支架中间点
MoveJ   offs(p2, 0,0,30),v500,z50 ,tool0;        //移到物料支架上大工件位置上方
                                                 30 mm
MoveL   p2,v50,fine,tool0;                       //吸盘缓慢下降至大工件位置
SK;                                              // 松开工件
MoveL   offs(p2, 0,0,30),v500,z50 ,tool0;        //移到物料支架上大工件位置上方
                                                 30 mm
MoveJ   p1,v500,fine,tool0;                      //机器人移到物料支架中间点
```

Home；   //回原点
ENDPROC

6）示教点，调试程序，实现装配功能。

任务2　工业机器人涂胶应用实例

1. 任务要求

汽车制造是一个复杂的过程，从平整的钢板变成复杂造型的车身框架，需要经过冲压、切割、焊接、涂装、涂胶等工序处理。汽车车身经过冲压、焊接后，在正式喷上车漆前，还需要进行多个工艺处理。车身金属在冲压拼接后，难免会有接缝和空隙，此时就需要密封胶对接缝进行保护，以起到防水、防腐、增强焊缝结构强度和降低车辆噪声的功效。完成车身制造后，需要通过涂胶进行车窗玻璃等部件安装。

此处将以汽车车窗玻璃安装为任务，介绍车窗的机器人涂胶应用。采用汽车和车窗模型实现 ABB 机器人车窗涂胶任务。

2. 知识技能准备

1）涂胶机器人的分类与特点

涂胶机器人主要用于涂胶工作量大，工艺、质量、生产效能要求高的应用场合。作为柔性自动化生产线的核心设备，涂胶机器人具有工作稳定、效率高、柔性好、速度快等优点。归纳起来，其主要优点如下：

- 涂胶速度快、效率高、涂胶效果好、质量稳定；
- 程序控制胶量，避免浪费、节约成本；
- 可以减少现场操作人员数量，降低人工成本；
- 可以实现柔性化生产，便于混线生产扩大产能。

用于涂胶的工业机器人主要有三种：直角坐标式涂胶机器人，SCARA 涂胶机器人和多关节式涂胶机器人，如图 7-14 所示。

  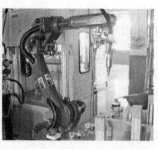

(a)　　　　　　　　　　(b)　　　　　　　　　　(c)

图 7-14　涂胶机器人

(a) 直角坐标式涂胶机器人　(b) SCARA 涂胶机器人　(c) 垂直多关节式涂胶机器人

直角坐标式涂胶机器人亦称涂胶机械手,以 XYZ 直角坐标系统为基本数学模型,整体结构采用模块化设计,可用于零部件涂胶,操作简单。

水平串联式涂胶机器人亦称为关节型涂胶机器人或 SCARA 涂胶机器人,具有速度快、精度高、柔性好等特点,多用交流伺服电动机驱动,以保证其较高的重复定位精度,主要应用于电子和轻工业产品的涂胶。

垂直多关节式涂胶机器人是目前生产线上应用数量较多的一类机器人,一般拥有 6 个自由度,可在空间任意点确定位置和姿态,一般进行三维空间的任意位置和姿势的作业,广泛应用于汽车、机械等有关产品的涂胶。

2）涂胶机器人系统的基本组成

涂胶机器人系统一般由供胶系统（包括涂胶泵、定量器和胶枪）和机器人组成。涂胶泵将涂料压向涂胶定量器或胶枪,机器人通过控制定量器或胶枪实现涂胶作业。一般涂胶机器人系统结构如图 7-15 所示。

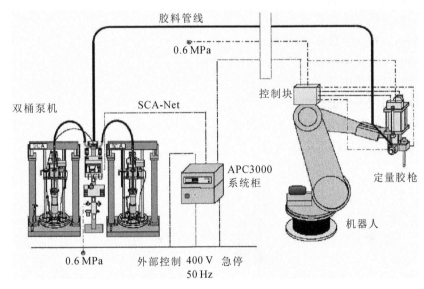

图 7-15　涂胶机器人系统结构

如图 7-16 所示,涂胶泵是通过内部装有高压活塞泵的桶形随动板在材料液上方施加一个压力,使泵在进行每个抽吸循环时,吸取腔室都能被装满,活塞泵通过不同软管和必要时使用的管道,将材料压向喷涂装置定量器或胶枪。

点胶阀（胶枪）主要有气动点胶阀和电动点胶阀两种。

气动点胶阀由气缸、阀体和料缸三部分串联组成,气缸和阀体用先进密封材料隔开,避免胶水侵入气缸,料缸和气缸均连接在点胶阀主体上。用电磁阀控制气缸运动,驱动中心杆上下运动,利用中心杆的上下运动对胶水进行开启和关断。

电动点胶阀包括泵体和驱动部分。采用定转子结构设计,密封性能好。通过转子在定子腔的定向旋转作用,实现

图 7-16　汽车涂胶泵

介质输送功能。输送时不对介质性能产生影响,同时可通过电动机的反转实现介质回吸功能,确保介质和材料的清洁、无滴漏和无污染。

图 7-17 所示为涂胶机器人作业场景。

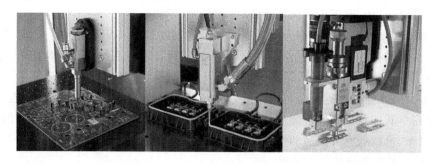

图 7-17　涂胶机器人作业场景

常见的胶阀有以下几种:

· 活塞阀:适用于中高黏度流体;

· 高压阀:适用于高黏度流体;

· 撞针阀:适用于中低黏度流体;

· 隔膜阀:适用于中低黏度流体;

· 旋转阀:适用于中高黏度流体;

· 计量阀:适用于中低高黏度流体;

· 喷雾阀:适用于中低黏度流体;

· 三模式喷涂阀:适用于中低黏度流体。

图 7-18 所示为常见的汽车涂胶阀。

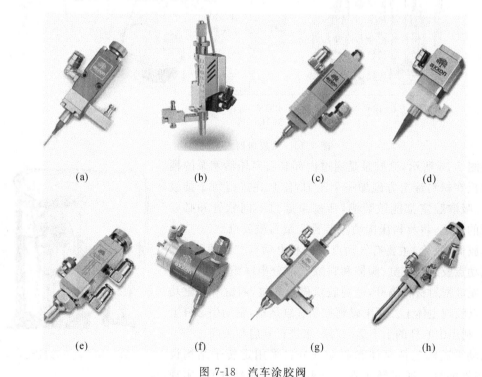

(a)　　　　　　(b)　　　　　　(c)　　　　　　(d)

(e)　　　　　　(f)　　　　　　(g)　　　　　　(h)

图 7-18　汽车涂胶阀

(a) 大流量撞针式胶阀　(b) 压电式热熔胶喷射阀　(c) 高压胶阀

(d) 隔膜式胶阀　(e) 喷雾阀　(f) 旋转阀　(g) 计量阀　(h) 三模式喷涂阀

3）涂胶机器人的主要工作方式

涂胶方式主要有固定胶枪方式和固定工件方式两种，根据生产工艺要求不同进行选择，如图 7-19 所示。固定胶枪方式：机器人自动抓取工件循迹涂胶，胶枪固定不动。固定工件方式：机器人安装胶枪对工件进行涂胶作业。

（a）　　　　　　　　　　　　　　（b）

图 7-19　涂胶机器人工作方式

（a）固定胶枪　（b）固定工件

4）机器人涂胶指令及设置

（1）涂胶指令。

ABB 机器人的 RobotWare Dispense 软件包，可以提供涂胶、封装和相类似的机器人作业控制。其包含两个常用的涂胶指令 DispL 和 DispC（见表 7-3），涂胶指令不仅包含与移动指令相同的数据参数，同时还包含控制涂胶进程的特殊参数数据。

表 7-3　涂胶指令

指　　令	功　　能
DispL	根据涂胶数据，沿着直线路径移动机器人 TCP 进行涂胶
DispC	根据涂胶数据，沿着圆弧路径移动机器人 TCP 进行涂胶

指令格式为

DispL\On p1,v100,bead1,z10,tool1\wobj\corr

在开始编程前，需要对 beaddata 和 equipdata 进行定义，然后才能在指令中调用。图 7-20 所示为涂胶指令使用实例，其指令为

DispL　\On,p1,v250,bead1,z30,tool7;

DispC　p2,p3,v250,bead2,z30,tool7;

DispL　\Off,p4,v250,bead2,z30,tool7;

从 p1 点开始，以 bead1 涂胶参数进行涂胶，走圆弧 p1—p2—p3，从 p3—p4 使用 bead2 参数进行涂胶后关闭。p1 前面设置了一个预前量做准备。

（2）机器人涂胶数据设置。

涂胶数据类型主要有四种，equipdata、beaddata、eauiprestartdata 和 equipdata_gui。

equipdata 主要用于存放涂胶设备的基本参数数据。ABB 涂胶机器人可支持 1～4 组不同的涂胶泵系统设备。equipdata 的主要参数如表 7-4 所示。

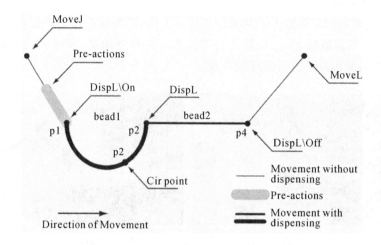

图 7-20　涂胶指令使用实例

表 7-4　equipdata 的主要参数

主要参数	说　明
ref_speed	设定用于计算涂胶时间的参考速度,一般高于最大速度 20%~30%
acc_max/decel_max	设定 TCP 加减速的限值,为 1 时表示此参数没有激活
fll_on_time	模拟信号 flow1 提前激活时间,在参数\on 激活时有效
fl1_off_time	模拟信号 flow1 提前关闭时间,在参数\off 激活时有效
on_time	预测开启胶枪的时间
off_time	提前关闭胶枪的时间
—	其他参数可以采用默认值

beaddata 定义了涂胶模拟信号 flow1 和 flow2 的大小及控制类型,有两种控制形式:

当 flow_type 为 1 时,输出模拟信号 flow 是一个固定值,单独由 beaddata 控制,其实际输出为

Logical flow1 = flow1 * dp_fl1_corr * fll_corr/10000

当 flow_type 为 2 时,模拟信号 flow 的大小受 TCP 的影响,当 TCP 变化时 flow 也跟随变化,此时 beaddata 内 flow 值是一个基础,实际输出值由以下公式得出:

Logical flow1= (flow1 * dp_fl1_corr * fll_corr/10000) * current speed/ref_speed

其中 fll_corr 和 ref_speed 由 equipdata 设定给出,dp_fl1_corr 为全局流量正因子,默认为 100,在系统模块中定义。

equiprestartdata 定义了当涂胶程序中止时以何种方式来重新启动程序,restart_type 为 0 时,不调用重新启动函数,为 1 时,以询问的方式重新启动。equiprestartdata 的主要参数如表 7-5 所示。

表 7-5　equiprestartdata 的主要参数说明

主要参数	说　　明
Restart_on_time	机器人在重新移动之前发出开启胶枪信号,也可为负值
restart_fl_time	提前发出 flow 模拟信号
restart_flow1	重新涂胶时 flow1 值的大小
bwd_speed	重新启动时在原有的路径上向后移动的速度
stop_bwddist	当机器人涂胶时一般停止后再重启时向后移动的距离
Qstop_bwddist	快速停止后向后移动的距离

(3)机器人涂胶通信设置。

ABB 机器人可以通过 DeviceNet,ProfiNet,Profibus 等通信方式与外部设备连接。要完成涂胶任务,需要创建机器人与胶泵设备的通信连接,以控制涂胶作业。ABB 涂胶 Dispense 应用软件包默认定义了 I/O 信号,可以满足一般的涂胶任务。这些默认信号如表 7-6 所示,示教器中显示如图 7-21 所示。

表 7-6　涂胶默认 I/O 信号

Signal	Type	Description
doEqu1Gun1	digital output	Signal to open/close gun 1
doEqu1Gun2	digital output	Signal to open/close gun 2(if used)
doEqu1Gun3	digital output	Signal to open/close gun 3(if used)
doEqu1Gun4	digital output	Signal to open/close gun 4(if used)
doEqu1Gun5	digital output	Signal to open/close gun 5(if used)
goEqu1Guns	output group	Group used to activate the digital gun signals for equipment1. Internally activated. This output group must be connected to the physical signals for the used guns
doEqu1Active	digital output	A high signal indicates that the dispensing process is active
doEqu1Err	digital output	This signal is activated when an internal dispense error is generated
doEqu1OvrSpd	digital output	A high signal indicates that the calculated value for one analog output signal exceeds the logical maximum value
aoEqu1F1	analog output	Analog signal for flow1
aoEqu1F2	analog output	Analog signal for flow2
goEqu1SwitchNo	output group	This group can be used to set a program number or switch point number to the dispense equipment

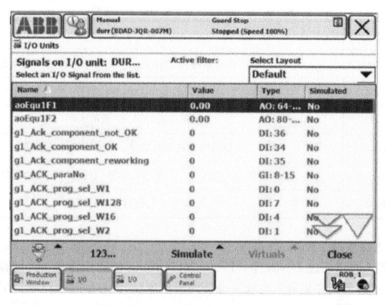

图 7-21　机器人 I/O 配置

3.任务分析与实施

1）任务分析

汽车车窗涂胶任务主要是完成车窗的涂胶与安装工作,车窗涂胶装配模型如图 7-22 所示,主要有前窗和后窗两个部件,以及胶枪模型和装配汽车模型。在车窗涂胶任务中,采用固定胶枪的工作方式,要求机器人用吸盘工具吸取车窗移动到固定胶枪位置进行车窗边沿涂胶,然后机器人移动到车体车窗相应位置,把车窗装配到车体上。

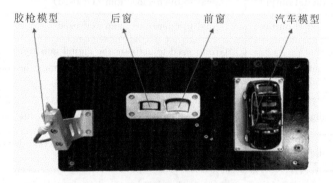

图 7-22　车窗涂胶装配模型

2）机器人 I/O 接口电气线路连接及通信配置

机器人由三菱 PLC 进行控制,I/O 配置如表 7-7 所示。

表 7-7　机器人与 PLC 连接端子分配表

序号	PLC I/O	机器人 I/O	功能描述	备　注
1	Y0	DI01	机器人伺服接通	配置 Motors On
2	Y1	DI02	调用 Main 主程序	配置 Start at Main
3	Y2	DI03	机器人停止	配置 Stop

序号	PLC I/O	机器人 I/O	功能描述	备　　注
4	Y3	DI04	报警清除	配置 Reset Execution Error
5	X0	DO01	吸盘 1 吸/放	
6	X1	DO02	吸盘 2 吸/放	
7	X2	DO03	涂胶枪启动/关闭	
8	X3	DO04	工作完成信号	
9	X4	DO05	机器人运行中状态输出	配置 Motors On State
10	X5	DO06	机器人报警状态输出	配置 Execution Error

　　PLC 及触摸屏主要实现对机器人的自动/手动模式选择、机器人的单步执行、I/O 监控、机器人的启动/运行/停止等控制功能。

　　3）作业流程

　　汽车车窗涂胶的作业流程如图 7-23 所示。

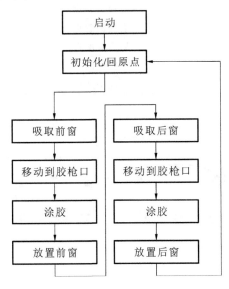

图 7-23　汽车车窗涂胶的作业流程

　　4）程序设计

　　根据工作流程要求,主要任务是对车的前窗、后窗进行涂胶与装配工作。每个窗的工作过程都是先涂胶,后装配。因此可以设计两个子程序分别对应于前窗、后窗的涂胶安装。另外,机器人开始工作之前,需要进行初始化或复位,机器人夹具/吸盘的收放,胶枪的开始、停止等也可以设计对应的子程序进行控制。主程序直接调用子程序即可实现相应操作。程序设计步骤如下。

　　(1) 建立一个新程序模块 Gluing。

　　(2) 新建一个主程序,可以将其命名为"MAIN"。

　　(3) 创建子程序:

　　① 复位子程序 "Initial";

　　② 前窗涂胶装配子程序"Front";

③ 后窗涂胶装配子程序"Rear";

④ 回原点程序"Home";

⑤ 吸盘工作程序"SukerOn";

⑥ 吸盘停止程序"SukerOff";

⑦ 胶枪工作程序"GunOn";

⑧ 胶枪停止程序"GunOff"。

（4）确定机器人工作所需要的点位和车窗的涂胶点,可参考表 7-8 和图 7-24。

表 7-8　机器人点位

序　号	点代号	注　释	备　注
1	p_Home	机器人初始点	需示教
2	p10-30	前窗放置点正上方 30 mm 处	程序定义
3	p10	前窗放置点	需示教
4	p11～p16	前窗涂胶点	需示教
5	p18	前窗装配点	需示教
10	p20～30	后窗放置点正上方 30 mm 处	程序定义
11	p20	后窗放置点	需示教
12	p21～p26	后窗涂胶点	需示教
13	p27	后窗装配点	需示教
14	p17	涂胶中间点	需示教
15	p19	装配中间点	需示教

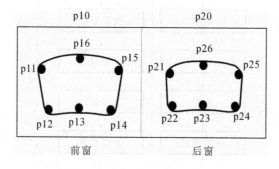

图 7-24　点位规划

5）示教编程与调试

（1）主程序。

主程序中首先需要调用一个复位子程序,然后是前窗涂胶装配子程序、后窗涂胶装配子程序,具体程序如下:

```
PROC MAIN()
    Initial();（复位子程序）
    Front();（前窗涂胶装配子程序）
    Rear ();（后窗涂胶装配子程序）
ENDPROC
```

（2）复位子程序。

具体程序如下:

```
PROC Initial()
AccSet   100,100;
VelSet   100,5000;
Reset    DO1;        //复位电磁阀,吸盘1断气
Reset    DO2;        //复位电磁阀,吸盘2断气
Reset    DO3;        //复位电磁阀,胶枪停止工作
Home;                //机器人回归原点
ENDPROC
```

复位子程序又调用了回原点子程序,具体程序如下:

```
PROC Home()
MoveJ   p_Home,v500,fine,tool0;
ENDPROC
```

(3) 前窗涂胶装配子程序。

前窗涂胶装配流程如图 7-25 所示,由流程图我们可以规划出机器人点位路径如图 7-26 所示。

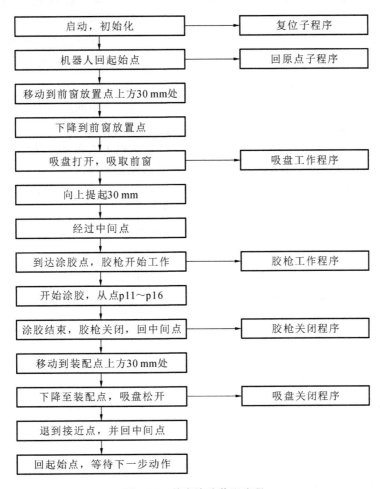

图 7-25　前窗涂胶装配流程

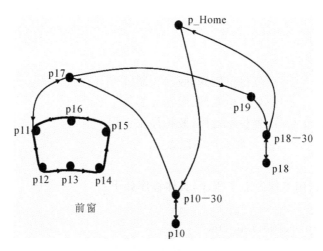

图 7-26　前窗涂胶点位路径

根据上面的流程图以及点位路径图,编写前窗涂胶装配子程序如下:

```
PROC Front()
MoveJ    offs(p10,0,0,30),v500,z50 ,tool0; //机器人移动到前窗放置点上方
                                                              30mm 处
MoveL    p10,v50,fine,tool0;              //吸盘缓慢下降至前窗放置点
SukerOn;                                   //调用吸盘工作程序,吸住前窗
MoveL    offs(p10,0,0,30),v500,z50 ,tool0; //返回放置点上方
MoveJ    p17,v500,z50,tool0;              //移动到涂胶中间点 p17 处
MoveJ    p11,v200,z50,tool0;              //p11 为前窗开始涂胶点
GunOn;                                     // 调用胶枪工作程序,开始涂胶
MoveL    p12,v200,z50,tool0;              //直线涂胶至 p12
MoveC    p13,P14,v200,z50,tool0;          //圆弧涂胶 p12、p13、p14
MoveL    p15,v200,z50,tool0;              //直线涂胶至 p15
MoveC    p16,p11,v200,z50,tool0;          //圆弧涂胶 p15、p16、p11
GunOff;                                    //调用胶枪停止程序,涂胶结束
MoveJ    p17,v500,z50,tool0;              //回到 p17 中间点
MoveJ    p19,v500,z50,tool0;              //移动到装配中间点 p19
MoveJ    offs(p18,0,0,30),v100,z50 ,tool0;  //移动到前窗装配点上方
MoveL    p18,v50,fine,tool0;
SukerOff:                                  //调用吸盘停止工作子程序
MoveL    offs(p18,0,0,30),v500,z50 ,tool0;//返回前窗装配点上方
MoveJ    p19,v100,z50,tool0               //移动到装配中间点 p19
Home;                                      //回到初始位置
ENDPROC
```

子程序所调用的功能子程序:
PROC   SukerOn() //吸盘工作程序

```
Set DO1；
Set DO2；
WaitTime 0.3；
ENDPROC

PROC　SukerOff()　//吸盘停止程序
Reset DO1
Reset DO2
ENDPROC

PROC　GunOn()　//胶枪工作程序
Set　DO3；
ENDPROC

PROC　GunOff()　//胶枪停止程序
Reset DO3；
ENDPROC
```

（4）后窗涂胶装配子程序。

由于后窗涂胶装配子程序与前窗类似,在此不详细列出。

（5）机器人涂胶轨迹调试。

调试涂胶轨迹时要使胶枪和工件距离在 2~5 mm 以内,如图 7-27 所示。固定胶枪应使用用户坐标系,这样机器人输出 TCP 速度才能较真实地反映涂胶速度。涂胶过程中速度不宜太快或波动太大,轨迹尽量平滑才能保证涂胶质量。

6）Dispense 功能的使用

当采用固定工件涂胶工作方式时,我们就可以采用 ABB 机器人所提供的 RobotWare Dispense 模块功能来进行涂胶、封装和类似的机器人作业控制。主要是把涂胶作业处的直线运动指令和圆弧运动指令替换成涂胶指令 DispL 和 DispC。涂胶指令不仅包含与移动指令相同的数据参数,同时还包含控制涂胶进程的特殊参数数据。

图 7-27　机器人涂胶轨迹调试

思考与实训

1. 简述工业机器人装配系统的组成。

2. 通过网络等手段,查询机器人装配的常见问题、产生原因及解决方法。

3. 简述工业机器人涂胶系统的组成。

4. 通过网络等手段,查询机器人涂胶的常见问题、产生原因及解决方法。

5. 请采用固定工件的方式设计和完成本章中的涂胶任务。

附录：ABB 机器人 RAPID 程序指令列表

一、程序执行的控制

1. 程序的调用

指　令	说　　明
ProcCall	调用例行程序
CallByVar	通过带变量的例行程序名称调用例行程序
RETURN	返回原例行程序

2. 例行程序内的逻辑控制

指　令	说　　明
Compact IF	如果条件满足，就执行下一条指令
IF	当满足不同的条件时，执行对应的程序
FOR	根据指定的次数，重复执行对应的程序
WHILE	如果条件满足，重复执行对应的程序
TEST	对一个变量进行判断，从而执行不同的程序
GOTO	跳转到例行程序内标签的位置
Lable	跳转标签

3. 停止程序执行

指　令	说　　明
Stop	停止程序执行
EXIT	停止程序执行并禁止在停止处再开始
Break	临时停止程序的执行，用于手动调试
SystemStopAction	停止程序执行与机器人运动
ExitCycle	中止当前程序的运行并将程序指针 PP 复位到主程序的第一条指令；如果选择了程序连续运行模式，程序将从主程序的第一句重新执行

二、变量指令

1. 赋值指令

指　令	说　　明
:＝	对程序数据进行赋值

2. 等待指令

指　令	说　　明
WaitTime	等待一个指定的时间,程序再往下执行
WaitUntil	等待一个条件满足后,程序继续往下执行
WaitDI	等待一个输入信号状态为设定值
WaitDO	等待一个输出信号状态为设定值

3. 程序注释

指　令	说　　明
Comment	对程序进行注释

4. 程序模块加载

指　令	说　　明
Load	从机器人硬盘加载一个程序模块到运行内存
UnLoad	从运行内存中卸载一个程序模块
Start Load	在程序执行的过程中,加载一个程序模块到运行内存中
Wait Load	在使用 Start Load 后,使用此指令将程序模块连接到任务中
CancelLoad	取消加载程序模块
CheckProgRef	检查程序引用
Save	保存程序模块
EraseModule	从运行内存删除程序模块

5. 变量功能

指 令	说 明
TryInt	判断数据是否是有效的整数
OpMode	读取当前机器人的操作模式
RunMode	读取当前机器人程序的运行模式
NonMotionMode	读取程序任务当前是否无运动的执行模式
Dim	获取一个数组的维数
Present	读取带参数例行程序的可选参数值
IsPers	判断一个参数是不是可变量
IsVar	判断一个参数是不是变量

6. 转换功能

指 令	说 明
StrToByte	将字符串转换为指定格式的字节数据
ByteToStr	将字节数据转换为字符串

三、运动设定

1. 速度设定

指 令	说 明
MaxRobSpeed	获取当前型号机器人可实现的最大 TCP 速度
VelSet	设定最大的速度与倍率
SpeedRefresh	更新当前运动的速度倍率
AccSet	定义机器人的加速度
WorldAccLim	设定大地坐标中工具与载荷的加速度
PathAccLim	设定运动路径中 TCP 的加速度

2. 轴配置管理

指 令	说 明
ConfJ	关节运动的轴配置控制
ConfL	线性运动的轴配置控制

3. 奇异点的管理

指　令	说　明
SingArea	设定机器人运动时,在奇异点的插补方式

4. 位置偏置功能

指　令	说　明
PDispOn	激活位置偏置
PDispSet	激活指定数值的位置偏置
PDispOff	关闭位置偏置
EOffsOn	激活外轴偏置
EOffsSet	激活指定数值的外轴偏置
EOffsOff	关闭外轴位置偏置
DefDFrame	通过三个位置数据计算出位置的偏置
DefFrame	通过六个位置数据计算出位置的偏置
ORobT	从一个位置数据删除位置偏置
DefAccFrame	从原始位置和替换位置定义一个框架

5. 软伺服功能

指　令	说　明
SoftAct	激活一个或多个轴的软伺服功能
SoftDeact	关闭软伺服功能

6. 机器人参数调整功能

指　令	说　明
TuneServo	伺服调整
TuneReset	伺服调整复位
PathResol	几何路径精度调整
CirPathMode	在圆弧插补运动时,工具姿态的变换方式

7. 空间监控管理

指　令	说　明
WZBoxDef	定义一个方形的监控空间
WZCylDef	定义一个圆柱形的监控空间
WZSphDef	定义一个球形的监控空间
WZHomeJointDef	定义一个关节轴坐标的监控空间
WZLimJointDef	定义一个限定为不可进入的关节轴坐标监控空间
WZLimSup	激活一个监控空间并限定为不可进入
WZDOSet	激活一个监控空间并与一个输出信号关联
WZEnable	激活一个临时的监控空间
WZFree	关闭一个临时的监控空间

注:这些功能需要选项"World zones"配合。

四、运动控制

1. 机器人运动控制

指　令	说　明
MoveC	TCP 圆弧运动
MoveJ	关节运动
MoveL	TCP 线性运动
MoveAbsJ	轴绝对角度位置运动
MoveExtJ	外部直线轴和旋转轴运动
MoveCDO	TCP 圆弧运动的同时触发一个输出信号
MoveJDO	关节运动的同时触发一个输出信号
MoveLDO	TCP 线性运动的同时触发一个输出信号
MoveCSync	TCP 圆弧运动的同时执行一个例行程序
MoveJSync	关节运动的同时执行一个例行程序
MoveLSync	TCP 线性运动的同时执行一个例行程序

2. 搜索功能

指　令	说　明
SearchC	TCP 圆弧搜索运动
SearchL	TCP 线性搜索运动
SearchExtJ	外轴搜索运动

3. 指定位置触发信号与中断功能

指　令	说　明
TriggIO	定义触发条件在一个指定的位置触发输出信号
TriggInt	定义触发条件在一个指定的位置触发中断程序
TriggCheckIO	定义一个指定的位置进行 I/O 状态的检查
TriggEquip	定义触发条件在一个指定的位置触发输出信号，并对信号响应的延迟进行补偿设定
TriggRampAO	定义触发条件在一个指定的位置触发模拟输出信号，并对信号响应的延迟进行补偿设定
TriggC	带触发事件的圆弧运动
TriggJ	带触发事件的关节运动
TriggL	带触发事件的直线运动
TriggLIOs	在一个指定的位置触发输出信号的线性运动
StepBwdPath	在 RESTART 的事件程序中进行路径的返回
TriggStopProc	在系统中创建一个监控处理，用于在 STOP 和 QSTOP 中需要信号复位和程序数据复位的操作
TriggSpeed	定义模拟输出信号与实际 TCP 速度之间的配合

4. 出错或中断时的运动控制

指　令	说　明
StopMove	停止机器人运动
StartMove	重新启动机器人运动
StartMoveRetry	重新启动机器人运动及相关的参数设定
StopMoveReset	对停止运动状态复位，但不重新启动机器人运动
StorePath *	存储已生成的最近路径
RestoPath *	重新生成之前存储的路径

指　　令	说　　明
ClearPath	在当前的运动路径级别中,清空整个运动路径
PathLevel	获取当前路径级别
SyncMoveSuspend *	在 StorePath 的路径级别中暂停同步坐标的运动
SyncMoveResume *	在 StorePath 的路径级别中返回同步坐标的运动

注:带 * 号的功能需要选项"Path recovery"配合。

5. 外轴的控制

指　　令	说　　明
DeactUnit	关闭一个外轴单元
ActUnit	激活一个外轴单元
MechUnitLoad	定义外轴单元的有效载荷
GetNextMechUnit	检索外轴单元在机器人系统中的名字
IsMechUnitActive	检查一个外轴单元状态是关闭/激活

6. 独立轴控制

指　　令	说　　明
IndAMove	将一个轴设定为独立轴模式并进行绝对位置方式运动
IndCMove	将一个轴设定为独立轴模式并进行连续方式运动
IndDMove	将一个轴设定为独立轴模式并进行角度方式运动
IndRMove	将一个轴设定为独立轴模式并进行相对位置方式运动
IndReset	取消独立轴模式
IndInpos	检查独立轴是否已到达指定位置
IndSpeed	检查独立轴是否已到达指定的速度

注:这些功能需要选项"Independent movement"配合。

7. 路径修正功能

指　　令	说　　明
CorrCon	连接一个路径修正生成器
CorrWrite	将路径坐标系统中的修正值写到修正生成器
CorrDiscon	断开一个已连接的路径修正生成器
CorrClear	取消所有已连接的路径修正生成器
CorrRead	读取所有已连接的路径修正生成器的总修正值

注:这些功能需要选项"Path offset or RobotWare-Arc sensor"配合。

8. 路径记录功能

指　令	说　明
PathRecStart	开始记录机器人的路径
PathRecStop	停止记录机器人的路径
PathRecMoveBwd	机器人根据记录的路径作后退动作
PathRecMoveFwd	机器人运动到执行 PathRecMoveBwd 这个指令的位置上
PathRecValidBwd	检查是否已激活路径记录和是否有可后退的路径
PathRecValidFwd	检查是否有可向前的记录路径

注：这些功能需要选项"Path recovery"配合。

9. 输送链跟踪功能

指　令	说　明
WaitWObj	等待输送链上的工件坐标
DropWObj	放弃输送链上的工件坐标

注：这些功能需要选项"Conveyor tracking"配合。

10. 传感器同步功能

指　令	说　明
WaitSensor	将一个在开始窗口的对象与传感器设备关联起来
SyncToSensor	开始/停止机器人与传感器设备的运动同步
DropSensor	断开当前对象的连接

注：这些功能需要选项"Sensor synchronization"配合。

11. 有效载荷与碰撞检测

指　令	说　明
MotionSup *	激活/关闭运动监控
LoadId	工具或有效载荷的识别
ManLoadId	外轴有效载荷的识别

注：带 * 号的功能需要选项"Collision detection"配合。

12. 关于位置的功能

指 令	说 明
Offs	对机器人位置进行偏移
RelTool	对工具的位置和姿态进行偏移
CalcRobT	从 jointtarget 计算出 robtarget
CPos	读取机器人当前的 X、Y、Z
CRobT	读取机器人当前的 robtarget
CJointT	读取机器人当前的关节轴角度
ReadMotor	读取轴电动机当前的角度
CTool	读取工具坐标当前的数据
CWObj	读取工件坐标当前的数据
MirPos	镜像一个位置
CalcJointT	从 robtarget 计算出 jointtarget
Distance	计算两个位置的距离
PFRestart	检查因电源关闭而中断的路径
CSpeedOverride	读取当前使用的速度倍率

五、输入/输出信号

1. 对输入/输出信号的值进行设定

指 令	说 明
InvertDO	对一个数字输出信号的值置反
PulseDO	数字输出信号进行脉冲输出
Reset	将数字输出信号置为 0
Set	将数字输出信号置为 1
SetAO	设定模拟输出信号的值
SetDO	设定数字输出信号的值
SetGO	设定组输出信号的值

2. 读取输入/输出信号值

指　令	说　　　　明
AOutput	读取模拟输出信号的当前值
DOutput	读取数字输出信号的当前值
GOutput	读取组输出信号的当前值
TestDI	检查一个数字输入信号已置 1
ValidIO	检查 I/O 信号是否有效
WaitDI	等待一个数字输入信号的指定状态
WaitDO	等待一个数字输出信号的指定状态
WaitGI	等待一个组输入信号的指定值
WaitGO	等待一个组输出信号的指定值
WaitAI	等待一个模拟输入信号的指定值
WaitAO	等待一个模拟输出信号的指定值

3. I/O 模块的控制

指　令	说　　　　明
IODisable	关闭一个 I/O 模块
IOEnable	开启一个 I/O 模块

六、通信功能

1. 示教器上人机界面的功能

指　令	说　　　　明
TPErase	清屏
TPWrite	在示教器操作界面上写信息
ErrWrite	在示教器事件日志中写报警信息并储存
TPReadFK	互动的功能键操作
TPReadNum	互动的数字键盘操作
TPShow	通过 RAPID 程序打开指定的窗口

2. 通过串口进行读写

指　令	说　明
Open	打开串口
Write	对串口进行写文本操作
Close	关闭串口
WriteBin	写一个二进制数的操作
WriteAnyBin	写任意二进制数的操作
WriteStrBin	写字符的操作
Rewind	设定文件开始的位置
ClearIOBuff	清空串口的输入缓冲
ReadAnyBin	从串口读取任意的二进制数
ReadNum	读取数字量
ReadStr	读取字符串
ReadBin	从二进制串口读取数据
ReadStrBin	从二进制串口读取字符串

3. Sockets 通信

指　令	说　明
SocketCreate	创建新的 socket
SocketConnect	连接远程计算机
SocketSend	发送数据到远程计算机
SocketReceive	从远程计算机接收数据
SocketClose	关闭 socket
SocketGetStatus	获取当前 socket 状态

七、中断程序

1. 中断设定

指　令	说　明
CONNECT	连接一个中断符号到中断程序
ISignalDI	使用一个数字输入信号触发中断
ISignalDO	使用一个数字输出信号触发中断

指　令	说　明
ISignalGI	使用一个组输入信号触发中断
ISignalGO	使用一个组输出信号触发中断
ISignalAI	使用一个模拟输入信号触发中断
ISignalAO	使用一个模拟输出信号触发中断
ITimer	计时中断
TriggInt	在一个指定的位置触发中断
IPers	使用一个可变量触发中断
IError	当一个错误发生时触发中断
IDelete	取消中断

2. 中断的控制

指　令	说　明
ISleep	关闭一个中断
IWatch	激活一个中断
IDisable	关闭所有中断
IEnable	激活所有中断

八、系统相关指令

时间控制

指　令	说　明
ClkReset	计时器复位
ClkStart	计时器开始计时
ClkStop	计时器停止计时
ClkRead	读取计时器数值
CDate	读取当前日期
CTime	读取当前时间
GetTime	读取当前时间为数字型数据

九、数学运算

1. 简单运算

指　　令	说　　明
Clear	清空数值
Add	加或减操作
Incr	加 1 操作
Decr	减 1 操作

2. 算术功能

指　　令	说　　明
Abs	取绝对值
Round	四舍五入
Trunc	舍位操作
Sqrt	计算二次根
Exp	计算指数值 e^x
Pow	计算指数值
ACos	计算圆弧余弦值
ASin	计算圆弧正弦值
ATan	计算圆弧正切值[$-90,90$]
ATan2	计算圆弧正切值[$-180,180$]
Cos	计算余弦值
Sin	计算正弦值
Tan	计算正切值
EulerZYX	从姿态计算欧拉角
OrientZYX	从欧拉角计算姿态

参 考 文 献

[1]王寒里.工业机器人 PCB 异形插件工作站应用指南[M].北京:文化发展出版社,2018.

[2]佘明洪,佘永洪.工业机器人操作与编程[M].北京:机械工业出版社,2017.

[3]田贵福,林燕文.工业机器人现场编程(ABB)[M].北京:机械工业出版社,2017.

[4]叶晖,管小清.工业机器人实操与应用技巧[M].北京:机械工业出版社,2010.

[5]张超,张继媛.ABB 工业机器人现场编程[M].北京:机械工业出版社,2017.